ISW Forschung und Praxis

Berichte aus dem Institut für Steuerungstechnik der Werkzeugmaschinen und Fertigungseinrichtungen der Universität Stuttgart

Herausgeber: Prof. Dr.-Ing. G. Pritschow

Band 81

Wolfgang Ruoff

Optische Sensorsysteme zur On-line-Führung von Industrierobotern

Springer-Verlag
Berlin Heidelberg New York
London Paris Tokyo Hong Kong 1989

D 93

Mit 45 Abbildungen

ISBN-13: 978-3-540-51744-3 e-ISBN-13: 978-3-642-83956-6
DOI: 10.1007/978-3-642-83956-6

Gesamtherstellung: Druckerei Kuhnle, Esslingen

2362/3020-543210

Geleitwort des Herausgebers

In der Reihe „ISW Forschung und Praxis" wird fortlaufend über Forschungsergebnisse des Instituts für Steuerungstechnik der Werkzeugmaschinen und Fertigungseinrichtungen der Universität Stuttgart (ISW) berichtet, das sich in vielfältiger Form mit der Weiterentwicklung des Systems Werkzeugmaschine und anderer Fertigungseinrichtungen beschäftigt. Die Arbeiten dieses Instituts konzentrieren sich im besonderen auf die Bereiche Numerische Steuerungen, Prozeßrechnereinsatz in der Fertigung, Industrierobotertechnik sowie Meß-, Regel- und Antriebssysteme, also auf die aktuellsten Bereiche der Fertigungstechnik. Dabei stehen Grundlagenforschung und anwenderorientierte Entwicklung in einem stetigen Austausch, wodurch ein ständiger Technologietransfer zur Praxis sichergestellt wird.

Die Buchreihe erscheint in zwangloser Folge und stützt sich auf Berichte über abgeschlossene Forschungsarbeiten und Dissertationen. Sie soll dem Ingenieur bei der Weiterbildung dienen und ihm Hilfestellungen zur Lösung spezifischer Probleme geben. Für den Studierenden bietet sie eine Möglichkeit zur Wissensvertiefung. Sie bleibt damit unter erweitertem Namen und neuer Herausgeberschaft unverändert in der bewährten Konzeption, die ihr der Gründer des ISW, der leider allzu früh verstorbene Prof. Dr.-Ing. G. Stute, im Jahre 1972 gegeben hat.

Der Herausgeber dankt der Druckerei für die drucktechnische Betreuung und dem Springer Verlag für Aufnahme der Reihe in sein Lieferprogramm.

G. Pritschow

VORWORT

Die vorliegende Arbeit entstand während meiner Tätigkeit als wissenschaftlicher Mitarbeiter am Institut für Steuerungstechnik der Werkzeugmaschinen und Fertigungseinrichtungen der Universität Stuttgart.

Herrn Professor Dr.-Ing. A. Storr und Herrn Prof. Dr.-Ing. G. Pritschow danke ich für die Unterstützung und Förderung, die zum Entstehen der Arbeit wesentlich war.

Mein besonderer Dank gilt Herrn Prof. Dr. phil. Dipl.-Ing. H.J. Tiziani für die Bereitschaft den Mitbericht zu übernehmen.

Weiterhin gilt mein Dank denjenigen Mitarbeitern des Institutes und Kollegen, die durch wertvolle Anregungen und kritische Diskussionen zum Gelingen der Arbeit beigetragen haben. Insbesondere bedanke ich mich bei den Herren Dipl.-Ing. A. Horn, Dipl.-Ing. D. Reisch, Dipl.-Ing. M.S. M. Jantzer, Dipl.-Ing. K.-H. Wurst und Dr.-Ing. M. Egner.

Wolfgang Ruoff

Inhaltsverzeichnis

Formelzeichen

Einige Formelzeichen und Abkürzungen, die nur an einer Stelle verwendet werden und dort erklärt sind, wurden nicht in dieses Verzeichnis aufgenommen.

a_{ij}, b_{ij}	Matrixelemente
a, a'	Objekt- bzw. Bildabstand zu den Hauptebenen
b_L	optisch aktive Länge des PSD
b_M	Meßort auf PSD
b_1, b_2	Teilstrecken auf PSD
c	Ordinatenwert einer Geraden am Abszissennullpunkt
d	Diagonale des Meßquadrats
$\underline{D}$	Drehmatrix
Entf	Entfernungskoordinate
$Entf_A$	Ordinatenwert der Ausgleichsgeraden
f, f'	objekt- bzw. bildseitige Brennweite
f	Frequenz
Δf	Frequenzänderung
f_{min}	minimale Brennweite
F, F'	objekt- bzw. bildseitiger Brennpunkt
F	Funktion
G(x)	Funktion
Δh	seitlicher Meßpunktabstand
I	Strahlungsleistung
I_i	Photostrom i
J	Massenträgheitsmoment
k_o	Konstante
l_p	Länge der Profilkurve
Δl_p	Bewegungsbahn pro Taktperiode
L_S	Lichtstärke
m	Richtungskoeffizient einer Geraden
M	Meßpunkt
M_B	Beschleunigungsmoment
Md	Mittelpunktsdicke
n_i	optische Brechungszahl des Mediums i
O, O'	Objekt- bzw. Bildpunkt

Pos	Positionskoordinate
P_i	Punkt i
P_{Si}	Meßpunkt von Sensor i
P_{SPi}	Punkt i des Sollprofils
R	Radius
R_D	Drehachsenradius
R_G	Grenzwert des meßbaren Radius
s	Entfernung
$\underline{s}$	Positionsvektor
s_o	Bezugspunkt des Meßabstands
Δs_F	maximaler Bahnabweichungsfehler
t	Zeit
Δt	Taktperiode des Sensorrechners
t_B	Brems- und Beschleunigungszeit
t_M	Meßzeit mit konstanter Winkelgeschwindigkeit
t_{Vi}	Aktivierungszeit des Vorwärtszählers i
t_{Ri}	Aktivierungszeit des Rückwärtszählers i
t_Z	Zyklustaktzeit (Robotersteuerung)
T_G	Toleranzwert der Geraden
T_P	Toleranzwert des Profils
u,v	Orientierungskoordinaten
V	Versatz zwischen TCP und ZME
v_B	Bahngeschwindigkeit
v_{BMAX}	maximale Bahngeschwindigkeit
$\underline{v}_{VE}$	Verschiebevektor
w	Orientierungskoordinate
x,y,z	Achskoordinaten
y,y´	Strecke in der Objekt- bzw. Bildebene
α	Einfallswinkel
α_{Tr}	Triangulationswinkel
α_K	Knickwinkel des Oberflächenverlaufs
β	Winkelposition der Drehachse im Meßkopf
β'	opt. Abbildungsverhältnis
β_M	Meßwinkel
β_p	Winkellänge der Profilkurve
$\Delta\beta$	Winkelschritt pro Taktperiode
$\gamma_{0,5}$	Halbwertswinkel
λ	Wellenlänge des Lichts

ω	Phasendifferenz
ω_A	Abtastwinkelgeschwindigkeit

Abkürzungen

CCD	Charge Coupled Diode
CCPD	Charge Coupled Photo Diode
Gr	Greiferkoordinaten
HF	Hochfrequenz
LED	Lumineszenzdiode (Light Emitting Diode)
Ma	Maschinenkoordinaten
P	Polarisation
PIN	Positive-Intrinsic-Negative
PSD	Positionsdetektor (Position Sensitive Detector)
Ra	Raumkoordinaten
T	Totalreflexion
TCP	Werkzeugeingriffspunkt (Tool Center Point)
ZME	Zentrum des Meßbereichs

Mehrfach verwendete Indizes

DIFF	Differenz
ges	gesamt-
G	Greifer-
IST	Istwerte
i	Zählvariable
MDIFF	mittlere Differenz
MSOLL	Sollwert am Meßpunkt M
n	Zählvariable
p	parallel
R	Raum-
S	Sensor-
Si	Sensor i
SOLL	Sollwerte
SPi	Punkt i des Sollprofils

1 Einleitung

Zur wirtschaftlichen und flexiblen Automatisierung von Bearbeitungsvorgängen wie Schleifen, Lackieren, Kleben, Entgraten, Schweißen oder Abdichten ist der Einsatz numerisch bahngesteuerter Industrieroboter erforderlich. Um bei immer kürzeren Fertigungszeiten gleichbleibende oder sogar steigende Qualitätsanforderungen zu erfüllen, ist die Kontrolle und Regelung technologischer Größen notwendig. Darüberhinaus müssen auch geometrische Größen, wie beispielsweise die vorhandenen Lage- und Formtoleranzen jedes einzelnen Werkstücks erkannt, berücksichtigt und kompensiert werden.

Die Anpassungsfähigkeit der Bewegungsbahn eines Industrieroboters an die speziellen Gegebenheiten wird wesentlich von den zur Verfügung stehenden Möglichkeiten zur Bahnprogrammierung mitbestimmt. Bis heute erfolgt die Programmierung einer Bahn in der Regel punktweise im sogenannten Teach-In-Betrieb /1/. Während der Abarbeitung eines Programmes wird zwischen den vorgegebenen Stützpunkten eine Bewegungsbahn mit Hilfe von Interpolationsalgorithmen generiert. Die Möglichkeit einer werkstückspezifischen Bahnkorrektur besteht dabei nicht. Um

- Maßabweichungen innerhalb einer Serienfertigung durch individuelle Beeinflussung der programmierten Bewegungsbahnen zu kompensieren,

- eine Reduzierung des Programmieraufwandes zu erreichen,

- Werkstücke zu vermessen, oder nach erfolgter Bearbeitung

- eine umfassende Qualitätskontrolle durchzuführen,

sind "intelligente", anpassungsfähige Sensorsysteme erforderlich. Sie bestehen aus Meßwerterfassungs- und Meßwertaufbereitungskomponenten. Nachfolgend wird zur Erfassung bzw. zur Datengewinnung ein Meßkopf oder ein Meßsystem und zur Aufbereitung ein Sensorrechner eingesetzt. Die Aufgabe des Rechners besteht darin, für die nachgeschaltete Robotersteuerung genau diejenigen Größen zu berechnen und bereitzustellen, die zur Generierung angepaßter Bearbeitungsprogramme notwendig sind. Bei der Auswahl der Komponenten müssen die Randbedingungen der Meßaufgabe berücksichtigt werden. Neben den Faktoren Platzbedarf für die Meßeinheit und Oberflächenmaterial des Werkstücks spielen auch Störeinflüsse wie z.B. hohe, stark schwankende Feldstärken in Sensornähe (Elektoantrieb, Elektroschweißgerät) eine Rolle /2/. Beim Schweißen ergibt sich zusätzlich eine intensive Strahlung des Lichtbogens in einem breiten Spektralband.

Zur Meßwertermittlung können Verfahren eingesetzt werden, deren physikalisches Funktionsprinzip beispielsweise auf induktiver, kapazitiver, pneumatischer, akustischer oder taktiler Wirkungsweise beruht. Optische Meßverfahren besitzen gegenüber den genannten physikalischen Prinzipien Vorteile hinsichtlich Fokusierbarkeit, Auflösung und weitgehender Material- und Temperaturunabhängigkeit. Außerdem ermöglichen sie ein berührungsloses Messen. Aufgrund dieser Vorzüge beschränken sich die Untersuchungen im Rahmen dieser Arbeit auf den Einsatz optischer Prinzipien für die Meßwerterfassung. Durch das Zusammenwirken mit einer leistungsfähigen Meßdatenaufbereitung können "intelligente" Sensorsysteme aufgebaut werden.

In der vorliegenden Arbeit werden zunächst Anforderungen an optische Sensorsysteme für Industrieroboter definiert. In weiteren Schritten werden mögliche Strukturen entwickelt und Lösungskonzepte erarbeitet. Aufgabe dieser Systeme ist es, Daten bereitzustellen, um damit die vorgegebenen Bewegungsbahnen eines bahngesteuerten Industrieroboters an die vorhandenen Geometrieabweichungen eines Werkstücks anzupassen.

2 Meßproblematik beim Einsatz verschiedenartiger Meßsysteme

Für die Erfassung geometrischer Daten zur Führung eines Industrieroboters ist ein geeignetes Konzept für ein optisches Sensorsystem zu erarbeiten. Es ist zu klären, welche Meßgrößen hierfür erforderlich sind. Ausgehend von dieser Vorgabe ist zu untersuchen, ob sich diese Größen mit verfügbaren Meßsystemen erfassen lassen oder inwieweit Anpassungen und Neuentwicklungen notwendig sind.

Ziel und Aufgabe ist es, ein am Industrieroboter angebrachtes Bearbeitungswerkzeug (z.B. Schweißbrenner, Klebe-, Abdicht- oder Lackierpistole) so zu führen, daß damit an einem vorgegebenen Werkstück ein bestmögliches Bearbeitungsergebnis erzielt wird.

Die Differenzen zwischen der beim Programmieren abgespeicherten und der bei einer Bearbeitung erforderlichen Bewegungsbahn sind auf zwei prinzipielle Fehlerquellen zurück zu führen, die aus

- der Robotermechanik und
- den Werkstücktoleranzen

resultieren. Um die Auswirkungen dieser Fehler zu begrenzen oder zu kompensieren, existieren verschiedene Meßsysteme und Meßanordnungen (Bild 2.1). Aufgegliedert nach dem Gesichtspunkt ihres Befestigungsorts wurde eine Unterscheidung in

- roboterfeste und
- raumfeste

Einheiten vorgenommen. Unter Berücksichtigung des wichtigsten Einsatzgebiets wurde in Bild 2.1 eine weitere Unterteilung durchgeführt. Wie hieraus ersichtlich ist, besteht die Aufgabe raumfester Meßsysteme meist darin, eine maßstäbliche

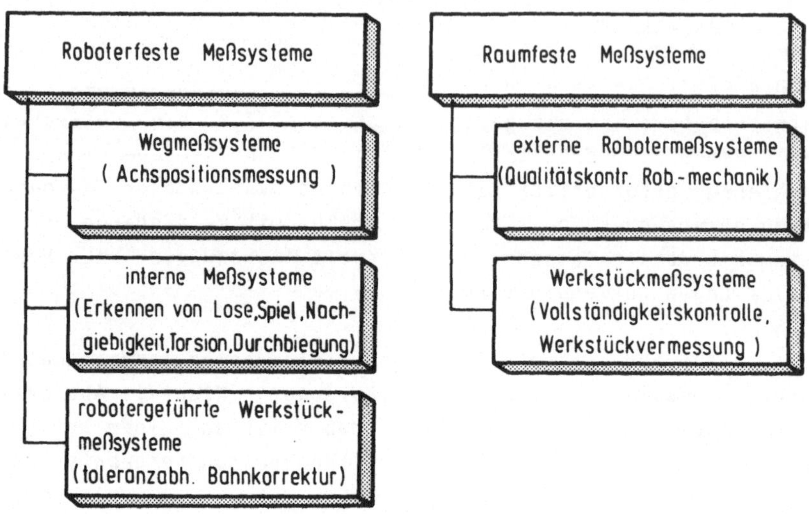

Bild 2.1: Klassifizierung bestehender Meßsysteme

Abbildung eines Meßobjekts zu ermitteln. Demgegenüber haben die nachfolgend erläuterten roboterfesten Meßsysteme das Ziel, die Bewegungen der Robotermechanik zu beeinflussen. Die Vor- und Nachteile der verschiedenen Systeme werden im weiteren verdeutlicht.

2.1 Roboterfeste integrierte Meßsysteme zur Lageerkennung

Als grundlegende Voraussetzung, um eine exakte Positions- und Orientierungsführung während der gesamten Bearbeitungszeit zu gewährleisten, ist es erforderlich, jede Achse bzw. jedes Gelenk eines Industrieroboters mit einem analogen oder digitalen, absoluten oder relativen Wegmeßsystem auszustatten (Bild 2.2).

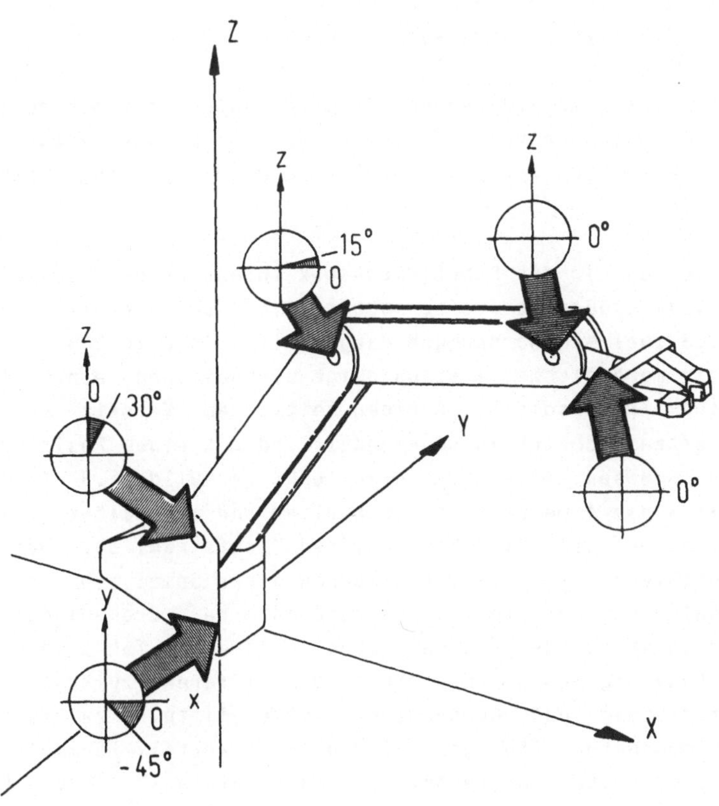

Bild 2.2: Achspositionsmessung bei Industierobotern /3/

Da es sich dabei in aller Regel um eine indirekte Messung handelt, kann mit diesen Systemen jedoch nicht

- der Radial- oder Axialversatz eines Gelenks,
- das Radial- oder Axialspiel eines Gelenks,
- das Getriebespiel im Gelenk,
  (sofern sich das Wegmeßsystem am Motor befindet),
- die Nachgiebigkeit eines Getriebes,
- die statische oder dynamische Durchbiegung einer Achse,
- der Versatz einer Achse,
- die exakte Länge einer Achse

erkannt oder gemessen werden. Folglich weicht die tatsächliche Bearbeitungsbahn eines Industrieroboters von der gewünschten vorgegebenen Bahn bereits infolge dieser Unzulänglichkeiten ab.

Mit internen, in die Robotermechanik integrierten Meßsystemen sind diese Größen teilweise meßbar /4,5/. Beispielhaft sind in Bild 2.3 zwei Meßanordnungen dargestellt. In Bild 2.3 (links) wird die mechanische, lastabhängige Durchbiegung einer Achse mit einem Tripelspiegel in einen seitlichen Versatz des reflektierten Lichstrahls umgewandelt und mit einem Positionsdetektor gemessen. Alternativ dazu lenkt in Bild 2.3 (rechts) ein mit Achse 1 mechanisch gekoppelter und mit halbem Gelenkwinkel mitbewegter Umlenkspiegel den Lichtstrahl ab. Hat das Robotergelenk (Bild 2.3b) ein mechanisches Spiel, so verdreht sich bei einer Gelenkbewegung zunächst der Drehspiegel und erst nach Überwinden des Getriebespielbereichs führt dies zu einer Änderung des Gelenkwinkels. Die Differenz zwischen Drehspiegeldrehung und Gelenkwinkel wird mittels zusätzlicher Hilfskomponenten (Spiegel, Strahlteilerwürfel, Sammellinse, Positionsdetektor) meßtechnisch erfaßt. Wie aus diesen Prinzipdarstellungen deutlich wird, kann mit integrierten Meßsystemen die Durchbiegung einer Achse, das Getriebespiel, sowie das Axial- und Radialspiel im einem Gelenk gemessen werden. Die Bestimmung des axialen oder radialen Gelenkversatzes mit

PSD : Positionsdetektor

L : Linse

ST : Strahlteilerwürfel

c) Drehspiegel in Ruhelage

d) Drehspiegel infolge Getriebespiels gegenüber Achse 2 verdreht

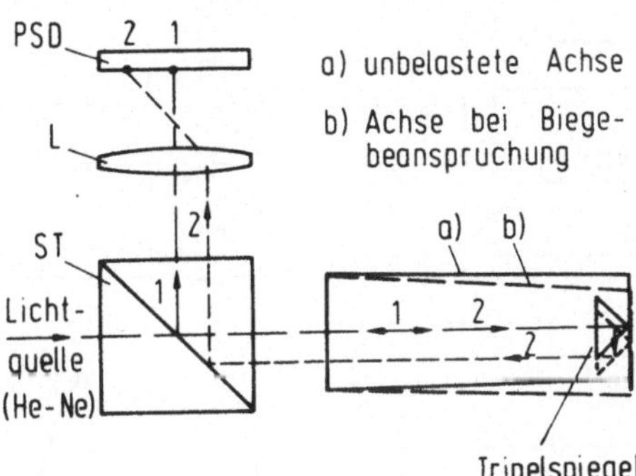

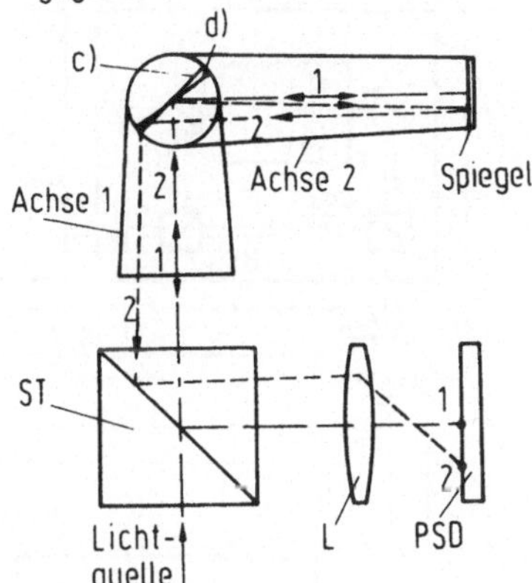

1: Strahlengang im Fall a) bzw. c)

2: Strahlengang im Fall b) bzw. d)

Bild 2.3: Internes Robotermeßsystem

diesen Anordnungen ist jedoch prinzipiell nicht möglich, da die fehlerhafte Justierung einer der optischen Komponenten (z.B. Axial- oder Radialversatz des Drehspiegels, Spiegels oder Strahlteilers) das Meßergebnis in gleicher Weise beeinflußt.

2.2 Raumfeste, maßstäblich abbildende Meßsysteme

Ist es erforderlich den Versatz in einem Gelenk zu bestimmen, so ist eine von Toleranzen des verwendeten Roboters unabhängige geeichte Meßeinheit erforderlich. Maximal sind sechs kinematische Freiheitsgrade des Industrieroboters (drei Freiheitsgrade der Position, drei Freiheitsgrade der Orientierung) zu erfassen. In Bild 2.4 ist beispielhaft das Funktionsprinzip einer für diese Anwendung spezifizierten Meßanordnung dargestellt /6/.

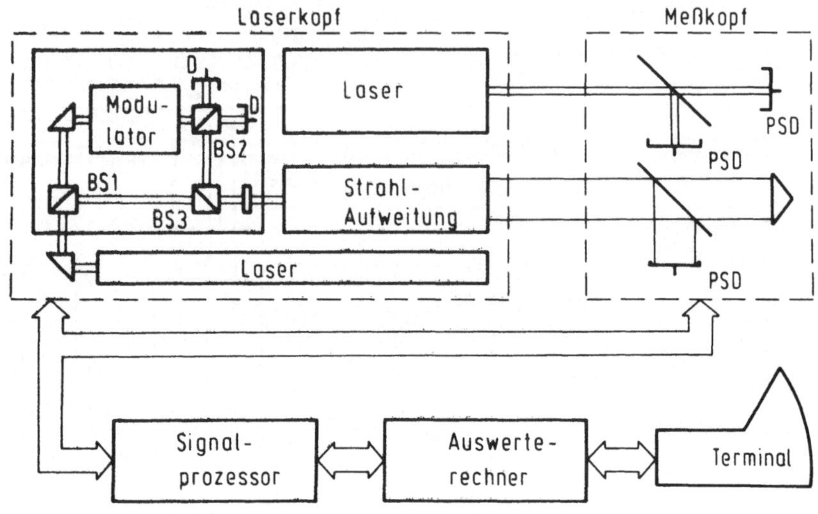

Bild 2.4: Externes Robotermeßsystem (Abk.: D = Photodiode, BS = Strahlteiler, PSD = Positionsdetektor)

Der Laserkopf wird raumfest angeordnet, der Meßkopf an der Handachse des Roboters angebracht. Seine Lage relativ zu den beiden aus dem Meßkopf austretenden Strahlen wird mit Positionsdetektoren (PSD) erfaßt. Die Abstandsänderung wird mit einem Mach-Zehnder-Interferometer bestimmt. Beim Abfahren einer programmierten geradlinigen Bahn in Richtung des Laserkopfs wird die Bahngeschwindigkeit, Beschleunigung sowie die Bahngenauigkeit in Position und Orientierung berechnet bzw. gemessen.

Das beschriebene optische System ermöglicht einen schnellen, präzisen Genauigkeitstest eines Industrieroboters in sechs Freiheitsgraden. Es ist damit geeignet Abweichungen von einer geradlinigen Sollbahn hinsichtlich Bahntreue und -genauigkeit exakt zu kontrollieren. Dieses Meßsystem wird im wesentlichen zur Vermessung der Lastabhängigkeit von Robotern und Roboterkomponenten eingesetzt. Die Messungen können zur Qualitätskontrolle in einer Roboterfertigung dienen. Der Einsatz des Verfahrens während einer Bearbeitung ist aus Gewichts- und Platzgründen nicht möglich. Prinzipbedingt muß (während der Messung) Sichtverbindung zwischen Laser- und Meßkopf bestehen. Diese Voraussetzung kann in einer Fertigungsanlage selten gewährleistet werden.

Kann eine genaue fehlerfreie Roboterbewegung längs einer vorgegebenen, programmierten Bahn erzielt werden, so ist dennoch keine hinreichende Voraussetzung für eine optimale Bewegungsbahn gegeben, da zusätzlich eine genaue Vermessung des zu bearbeitenden Werkstücks erforderlich ist. Neben den roboterseitig bereits dargestellten Bewegungsfehlern existieren bei der Fertigung auch werkstückseitige Abweichungen, die berücksichtigt werden müssen. Sie werden verursacht durch

- Toleranzen der Werkstücke aufgrund der vorgeschalteten Fertigungsverfahren,

- ungenaues Positionieren der zu bearbeitenden Teile.

Deshalb muß die Form, Lage und Position des vorliegenden Werkstücks genau erfasst werden. Mit einer ortsfesten, über dem Werkstück angebrachten scannenden Meßeinheit, wie sie beispielhaft in /7/ beschrieben wird und in Bild 2.5 dargestellt ist, kann die Oberfläche eines Werkstücks hinreichend genau dreidimensional vermessen werden (0,1mm, Objektabstand ca. 420mm). Ergeben sich im Seitenbereich des Meßguts Abschattungsprobleme der in Bild 2.5 skizzierten Art, dann lassen sich die erforderlichen Meßdaten nicht mit einer ortfest aufgebauten Meßeinheit ermitteln.

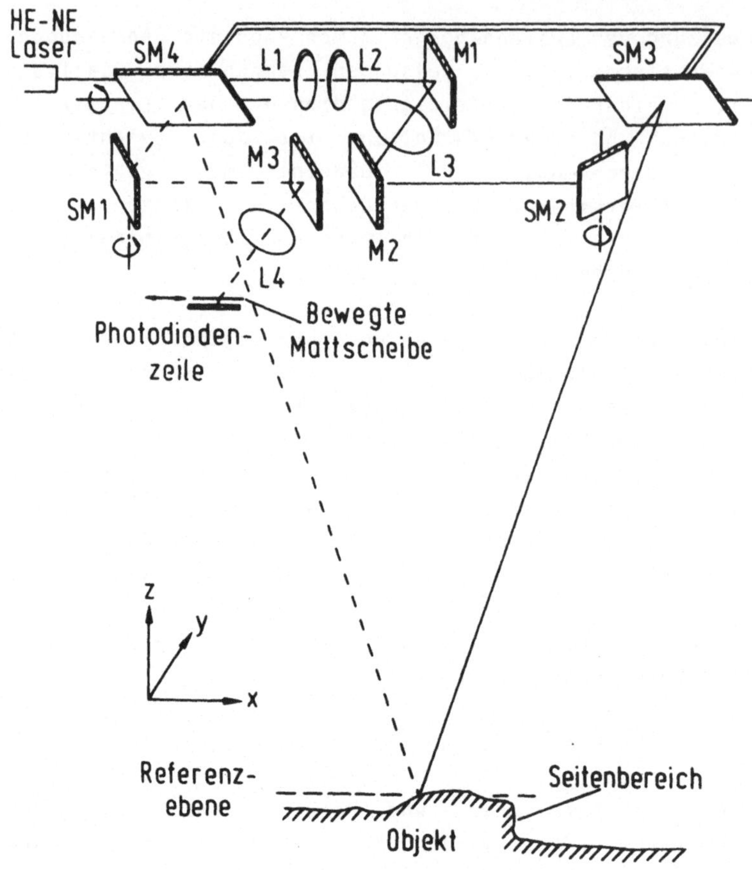

Bild 2.5: Ortsfeste, dreidimensionale Abstandsmessung /7/
(Abk.: L = Linse, M = Spiegel, SM = Drehspiegel)

2.3 Robotergeführtes Abstandsmeßsystem

Zur Vermeidung der in Kap.2.2 angeführten Nachteile ortsfester Meßsysteme wird nachfolgendend ein Sensormeßkopf in der Nähe oder anstelle des Bearbeitungswerkzeugs an der Handachse eines Industrieroboters befestigt. Bei einer Bewegung des Roboters mißt er dessen Bahn relativ zur Werkstückoberfläche. Dabei kann der gesamte Verfahrbereich und die Bewegungsfreiheit des Roboters ausgenutzt werden, um vorgegebene Bearbeitungsstellen zu erreichen und Hindernisse zu umfahren.

Bei der Durchführung von Bearbeitungaufgaben mit Industrierobotern ist keine absolute Genauigkeit der Bewegungsbahn erforderlich. Von zentraler Bedeutung ist vielmehr die Bahn des Bearbeitungswerkzeuges relativ zur Werkstückoberfläche. Deshalb ist die Anbringung des Meßkopfs an der Handachse eines Industrieroboters sinnvoll. Der Meßkopf kann dadurch beispielsweise entlang von Kanten, Nähten, Sicken und über Oberflächen geführt werden und ist somit in der Lage, deren aktuelle Position zu erfassen. Aus den ermittelten Daten werden Korrekt rwerte für die Robotersteuerung berechnet /8/. Im Gegensatz zu Bild 2.5 muß die Messung nicht mehr aus großer Entfernung (z.B. 0,5m...2 m) durchgeführt werden. Vielmehr bewegt der Roboter den Meßkopf zum vorgesehenen Meßort. Folglich ist ein Meßbereich von mehreren Zentimetern (z.B. 2..10cm) ausreichend.

Ein weiterer wesentlicher Unterschied gegenüber den zuvor beschriebenen Meßanordnungen besteht darin, daß die Messung nicht werkstattfern in einem sauberen Meßraum, sondern am Bearbeitungsort durchgeführt wird. Folglich werden Messung und Bearbeitung in zwei Arbeitgängen nacheinander oder, wenn technologisch möglich, gleichzeitig in einem Arbeitsgang stattfinden. Durch diese veränderten Randbedingungen gewinnen Gesichtspunkte wie:

- schnelle Meßwertverarbeitung und -aufbereitung,
- minimal erforderliche Datenmenge (---> Meßgeschwindigkeit),
- Echtzeitdatenaufbereitung,
- berührungslose, materialunabhängige Meßwerterfassung,
- einfache Anpassung an unterschiedliche Meßaufgaben,
- Störsicherheit der Meßdaten,
- mechanische Robustheit,
- unkritische Justierung,
- kleine Abmessungen,
- geringe Kosten

erheblich an Bedeutung.

2.4 Ziel dieser Arbeit und Vorgehensweise

Ausgehend von den in Kap.2.3 genannten Überlegungen ist es das Ziel der nachfolgenden Arbeit, Strukturen, Anforderungen und Lösungswege für ein optisches robotergeführtes Sensorsystem zu erarbeiten und an exemplarischen Realisierungen zu untersuchen. Hierbei wird nicht angestrebt das Meßprinzip einer bestimmten Meßeinheit entscheidend zu verbessern /9,10/. Die Zielsetzung besteht vielmehr darin, ein flexibles, modulares System zu entwickeln. Seine Aufgabe ist es, eine Robotersteuerung on-line mit aufbereiteten Daten zu versorgen und dadurch den Roboter zu führen. Eine Schnittstelle zwischen Robotersteuerung und Sensorsystem ist so festzulegen, daß sowohl die Art der zu übermittelnden Daten als auch deren Menge optimiert sind.

Zur Realisierung einer schritthaltenden Echtzeitdatenaufbereitung sind Kenntnisse steuerungsinterner Abläufe der Robotersteuerung und ihre Ausnutzung erforderlich /11/.

Weitere Anforderungen an das Meßprinzip, den Meßkopf und den Sensorrechner ergeben sich durch die Kopplung des Sensorsystems mit einer Robotersteuerung (z.B. Echtzeit, kleine Datenmenge, Art der Daten) und die Anbringung des Meßkopfs in der Hand eines Roboters (z.B. kompakte Bauweise, Stoßunempfindlichkeit).

Zur Durchführung einer anwendungsbezogenen Beurteilung werden bekannte Meßverfahren und -komponenten verglichen. Die daraus abgeleiteten Erkenntnisse dienen als Grundlage bei der Realisierung der einzelnen Bausteine eines neuen Sensorsystems. Verfahren zur Bewältigung der durchzuführenden Meßaufgaben und Konzepte für das Zusammenwirken mit der Robotersteuerung werden im Anschluß daran erarbeitet. Die Einsatzgrenzen der Gesamteinheit werden ermittelt und die erforderlichen Randbedingungen festgelegt. Abschließend sollen die gewonnenen Erkenntnisse zusammengefaßt, ausgewertet und ein Ausblick auf zukünftige Entwicklungen gegeben werden.

3 Anforderungen an ein optisches Sensorsystem

Die Anforderungen an ein Sensorsystem, bestehend aus Meßkopf und Rechnereinheit, sind unter den Gesichtspunkten

- Meßgeschwindigkeit,
- Meßbereich,
- Baugröße,
- Störungsempfindlichkeit und
- technischem Aufwand

zu sehen.

Die Erfassung und Aufbereitung der Meßwerte muß on-line, also schritthaltend mit der Robotersteuerung erfolgen. Deshalb werden die zeitlichen Anforderungen an ein Sensorsystem im wesentlichen durch deren Zykluszeit (Taktzeit) vorgegeben (typischer Wert: 20ms..30ms /11/). Innerhalb dieser Zeit muß die Sensormeßwertaufbereitung im Sensorrechner genau diejenigen Daten bereitstellen, die zur Generierung eines individuell angepaßten Bearbeitungsprogramms in der Robotersteuerung notwendig und hinreichend sind.

Die Robotersteuerung benötigt also genau einmal pro Zyklustakt aktuelle Werte vom Sensorsystem zum Regeln bzw. Nachführen aller vorhandenen Freiheitsgrade des Roboters. Zusätzliche, redundante Meßdaten sollten für Plausibilitätsberechnungen und zur Kompensation von Meßfehlern genutzt werden.

3.1 Anforderungen an das Meßverfahren

Auf Basis dieser zeitlichen Vorgaben und den anwendungsspezifischen Randbedingungen (vergl. Kap.2.3) ist ein geeignetes optisches Meßverfahren zur roboterunterstützten Messung geometrischer Größen zu finden. Wesentliche Anforderungen hierbei sind:

- die Meßergebnisse müssen unabhängig vom Werkstoff des Meßguts sein,

- die Meßergebnisse dürfen weder von Tageslicht noch durch das Licht von Glühlampen oder Leuchtstoffröhren (Fremdlicht) erheblich beeinträchtigt werden,

- eine maximale, verfahrensbedingte Meßzeit von wenigen Millisekunden (z.B. 1..2ms) pro Meßpunkt ist anzustreben.

Die zuletzt gestellte Anforderung resultiert aus der Überlegung, während einer Taktperiode der Robotersteuerung genügend Zeit zum Abtasten mehrerer Meßpunkte zu haben. Darüberhinaus sollte zusätzlich Zeit zur Aufbereitung der Daten zur Verfügung stehen.

Zum Erreichen dieser Ziele ist zu untersuchen, ob sich

- Interferometriemeßverfahren,
- Phasenmeßverfahren,
- Laufzeitmeßverfahren,
- Fokussiermeßverfahren oder
- Triangulationsmeßverfahren

unter Berücksichtigung der vorhandenen Randbedingungen prinzipiell eignen.

3.2 Anforderungen an den Meßkopf und den Sensorrechner

Bei der Entwicklung des Meßkopfs ist auf

- eine kompakte Bauform und
- ein geringes Gewicht

zu achten. Um innerhalb eines Zyklustakts die relative Orientierung zur Werkstückoberfläche bestimmen zu können, sind in dieser Zeit die Daten mehrerer Meßpunkte einzulesen. Zur Berechnung der räumlichen Normalenrichtung einer Werkstückoberfläche müssen mindestens drei flächig angeordnete Meßpunkte abgetastet werden. Soll die Normalenrichtung mit einer Genauigkeit besser $0{,}5^{o}$ (Zahlenwert gewählt) bestimmt werden, dann muß bei einer angenommenen Abstandsmeßtoleranz von $\pm$ 0,1mm der seitliche Versatz der Meßpunkte untereinander größer Δh = 22,9mm sein (Zahlenrechnung: $\Delta h = 0{,}2mm/\tan(0{,}5^{o})$). Deshalb wird für die weiteren Abschätzungen eine anzustrebende Abtastfläche von 25mm x 25mm vorgegeben.

Um die anzustrebende Meßgeschwindigkeit von der Dynamik des verwendeten Roboters zu entkoppeln, sollte für Messungen innerhalb des Abtastbereichs keine Unterstützung durch Roboterbewegungen notwendig sein. Aus diesem Grund wird in Kap.4.3 untersucht, ob ein ausreichender Scannbereich durch Integration eines Lichtablenkers in die Meßeinheit realisierbar ist. Wird von einem mittleren Meßabstand (= Abstand zwischen Meßkopf und Werkstückoberfläche) von 40mm...100mm ausgegangen (gängiger Wert laut /2,9/), dann ergibt sich mit den genannten Vorgaben ein erforderlicher Ablenkwinkel von $\pm 17^{o} \ldots \pm 7^{o}$.

Zur Steuerung und Regelung eines Meßkopfs mit integrierten Stellgliedern (z.B. Lichtablenker) und zum Auslesen und Aufbereiten der Meßwerte wird eine Mikroprozessoreinheit verwendet. Sie muß in Echtzeit umfangreiche Aufgaben bewältigen und sollte folglich sehr leistungsfähig sein. Abhängig von den ausgewählten Meßkopfkomponenten und der gewünschten Schnittstelle zur Robotersteuerung muß eine einfache hard- und softwaremäßige Anpassung an die notwendige Anzahl von Ein- und Ausgabeeinheiten möglich sein.

In den vorangegangenen Kapiteln wurden die Anforderungen an ein Sensorsystem im allgemeinen aufgestellt. Daran schließen sich die Anforderungen an ein optisches Meßverfahren, an einen Meßkopf und einen Sensorrechner im speziellen Anwendungsfall an. In den nächsten Kapiteln folgt eine Übersicht und Beurteilung bekannter Meßverfahren sowie verfügbarer Ablenkeinheiten. Die gewonnenen Erkenntnisse werden zur Konzeption eines geeigneten optischen Robotersensorsystems genutzt.

4 Eignung optischer Meßverfahren und Lichtablenker für den Einsatz an Industrierobotern

4.1 Übersicht der wichtigsten optischen Meßverfahren

Zur Auswahl geeigneter Meßverfahren für ein Sensorsystem wird nachfolgend eine Übersicht bekannter optischer Meßmethoden erstellt und eine Bewertung ihrer Brauchbarkeit vorgenommen. Grundsätzlich werden zwei Beleuchtungsvarianten unterschieden:

- Durchlicht- und
- Auflichtbeleuchtung /12/.

Durchlichtmeßverfahren werten das Schattenbild (den Umriss) eines Objekts aus. Sie sind nicht für Abstands- und Oberflächenmeßaufgaben geeignet. Aus diesem Grund kann sich die nachfolgende Übersicht (Bild 4.1) auf Meßmethoden mit Auflichtbeleuchtung beschränken. Unter ihnen sind diejenigen herauszufinden, die auch unter widrigen Randbedingungen (Staub, Schmutz,...), zuverlässige Meßergebnisse liefern. Auf die Funktionsweise der verschiedenartigen Anordnungen und ihre Eignung für den vorgesehenen Anwendungsfall wird nachfolgend eingegangen.

4.1.1 Laserinterferometrie

Ein Großteil moderner optischer Abstands- und Oberflächenmeßverfahren arbeitet mit einem Laser als Lichtquelle. Die Parallelität des Laserstrahls wird zur Abstands-, Winkel- und Geradheitsmessung ausgenutzt /13/. Seine zeitliche und räumliche Kohärenz bildet eine Voraussetzung für interferometrische Meßverfahren, deren Einsatz und Funktionsweise nachfolgend erörtert wird.

Bezeichnung	Laserinter-ferometrie	Echomeßverfahren (Laufzeitmessg.)	Echomeßverfahren (Phasenmessg.)	Fokussier-verfahren	Triangulations-meßverfahren
Prizipskizze : TS: Tripelspiegel ST: Strahlteiler L: Lichtquelle E: Empfänger Ob: Objektiv BL: Blende Δt: Zeitdifferenz					
Meßbereich :	bis 30m	ca. 1000m (400 000 km)	einige m bis 3 km	± 0,2mm	
Auflösung :	λ/2 ... λ/4	einige cm bis einige Meter	0,1mm	0,1 µm ..1 µm	0,1% des Meßbereichs
Meßparameter :	Hell-Dunkel-Str. (Phase)	Laufzeit	Phasen-verschiebung	Lichtintensität	Ort des Lichts
Meßunsicherheit :	0,1µm	0,5%..0,1%	0,8 mm pro km		0,1%
Störgrößen :	Laserfrequenz, Athmosphäre	Athmosphäre, Strahlöffng., Detektorrauschen	Athmosphäre	Schwingungen, mech. Fehler, Oberfl.-störg.	Abschattungen
Bemerkungen :	nur an spiegeln-den Oberflächen einsetzbar, Relativmessung	Problem kurze Pulsdauer --> hohe Pulsenergie	vorwiegend im Vermessg.-wesen eingesetzt		

Bild 4.1: Übersicht der unterschiedlichen Abstands- und Oberflächenmeßverfahren

Laserinterferometrie ist ein hochgenaues Meßverfahren, das kohärentes Licht genau bekannter Wellenlänge zur Bestimmung von Wegdifferenzen oder -änderungen nutzt. In der sehr vereinfacht dargestellten Prinzipskizze in Bild 4.1 wird der Lichtstrahl eines Lasers mit einem Strahlteiler in einen Meß- und einen Referenzstrahl zerlegt. Der Referenzstrahl wird an einem fest installierten Spiegel M reflektiert, während der Meßstrahl an einem mit dem Meßobjekt verbundenen Spiegel zurückgeworfen wird. Im Überlappungsbereich beider Strahlen tritt nun Interferenz auf, sofern der Lichtstrahl eine ausreichende Kohärenzlänge hat. Dies bedeutet, daß auf Grund der Wellennatur des Lichtes gegenseitige Auslöschung und Verstärkung der Lichtstrahlen zu beobachten ist. Bei Bewegung des Meßobjekts treffen am Empfänger abwechselnd helle und dunkle Interferenzstreifen auf. Durch Auswertung dieser Übergänge kann die Entfernungsänderung bestimmt werden.

Verschiedenartige interferometrische Anordnungen und ihre Verwendungsvielfalt werden in /14/ vorgestellt. Ihre Bedeutung im Bereich der Fertigung nimmt derzeit erheblich zu. Sie werden beispielsweise zur Prüfung von optischen Komponenten, spiegelnden Oberflächen, Prismen oder Linsensystemen genutzt. Die Einsatzmöglichkeiten sind aber sehr begrenzt, da selbst kleinste Störungen, wie beispielsweise eine rauhe Werkstückoberfläche, die Funktionsfähigkeit erheblich beeinträchtigen /14/. Deshalb kann nur bei wenigen Anwendungen (spiegelnde Oberflächen) auf die Verwendung eines am Meßobjekt angebrachten Spiegels als Reflektionshilfe verzichtet werden. Auf Grund dieser Einschränkung eignen sich interferometrische Meßverfahren nicht für den vorgesehenen Einsatzfall.

4.1.2 Entfernungsbestimmung durch Laufzeitmessung

Eine weitere Möglichkeit den Abstand einer Oberfläche zu bestimmen, ergibt sich durch Messung der Laufzeit von Lichtimpulsen. Impulse der benötigten Zeitdauer (10 ns ... 100 ns) lassen sich heute mit Halbleiterlasern erzeugen. An Hand der Laufzeit eines Meßsignals kann die Entfernung zum Meßobjekt berechnet werden.

Allerdings stößt eine direkte Messung der Laufzeit bei Messungen im Nahbereich z.Z. an technische Grenzen. Um eine Auflösung von nur 1 mm Entfernungsdifferenz zu erhalten, muß eine Zeitauflösung von ca. 6 ps ($6 * 10^{-12}$s) möglich sein. Anzumerken ist, daß der Entfernungsmeßfehler nahezu unabhängig von der Länge der zu messenden Strecke ist. Deshalb wird dieses Meßverfahren zur Bestimmung großer Entfernungen (z.B. Erde - Mond) eingesetzt /15/, ist aber für Anwendungen im Nahbereich ungeeignet.

4.1.3 Entfernungsbestimmung durch Phasenmessung

Im Gegensatz zur Laufzeitmessung werden bei der elektrooptischen Entfernungsmessung durch Phasenmessung keine Lichtimpulse ausgesandt. Vielmehr wird ein kontinunierlicher Laserstrahl in seiner Intensität sinusförmig moduliert. Dann erfolgt eine Aufteilung in einen Meß- und einen Vergleichsstrahl (Bild 4.1). Der Meßstrahl läuft zum Meßobjekt und zurück. Gegenüber dem Vergleichsstrahl ergibt sich eine Phasendifferenz die proportional zur Entfernung ist.

Das beschriebene Verfahren wird vorwiegend zur Messung von Entfernungen unter 1 km, im Bereich des Vermessungswesens verwendet. Trotz übereinstimmendem Grundprinzip unterscheiden sich die verschiedenen marktüblichen Meßgeräte hinsichtlich Optik, Modulationsfrequenz, den Verfahren der Phasenmessung und dem Automatisierungsgrad ganz erheblich. Da eine Messung jedoch zwischen 1 und 15 s benötigt /15/, ist die erreichbare Meßgeschwindigkeit erheblich zu langsam.

4.1.4 Fokussierverfahren

Als Fokussiermeßverfahren werden die Verfahren bezeichnet, die eine Ermittlung der Relativlage zwischen einer angetasteten Fläche und dem Fokus einer Lichtquelle auswerten /16/.

Beispielhaft für ein optisches Fokussierverfahren ist das in Bild 4.1 dargestellte Prinzip. Ein Lichtstrahl wird über ein Objektiv auf die Meßgutoberfläche fokussiert. Das zurückgestreute Licht wird mittels einer Empfangsoptik (hier identisch mit der Beleuchtungsoptik) und einem Strahlteiler auf eine kleine Öffnung abgebildet, hinter der sich ein Fotoempfänger befindet. Wird der Abstand der Antastfläche gegenüber der Empfangsoptik verändert, so verschiebt sich auch deren Abbild. Dies führt zu einer abstandsabhängigen Intensitätsänderung am Empfänger. Da die beschriebene Meßanordnung sehr stark vom Rückstreuverhalten der Antastfläche abhängig ist, resultiert hieraus eine kaum beherrschbare Fehlerquelle.

In bekannten Meßanordnungen wird der prinzipielle Meßaufbau daher in einigen Details modifiziert. Bei dem in Bildplattenspielern eingesetzten Aufbau wird als zusätzliches zweites Linsensystem ein astigmatisches System (Zylinderlinse) verwendet. Dadurch ergibt sich eine abstandsabhängige Drehung des Abbildes (Bild 4.2, links). Mit einem geeigneten Empfänger (Vierquadrantendiode) wird dann nicht mehr der absolute Wert der Lichtintensität, sondern die Intensitätsverteilung auf die vier Empfängerflächen ausgewertet.

Das in /16/ beschriebene "Unschärfeprinzip" ist ein weiteres Beispiel für Fokussierverfahren. Es unterscheidet sich in wesentlichen Details von der zuvor erläuterten Variante. Zur Durchführung dieses Verfahrens wird auf dem Meßobjekt ein Lichtpunkt erzeugt. Seine Größe ist im Idealfall unabhängig vom Abstand zwischen Meßobjektoberfläche und Beleuchtungsobjektiv, also unabhängig von der Gegenstandsweite a. Diese Vor-

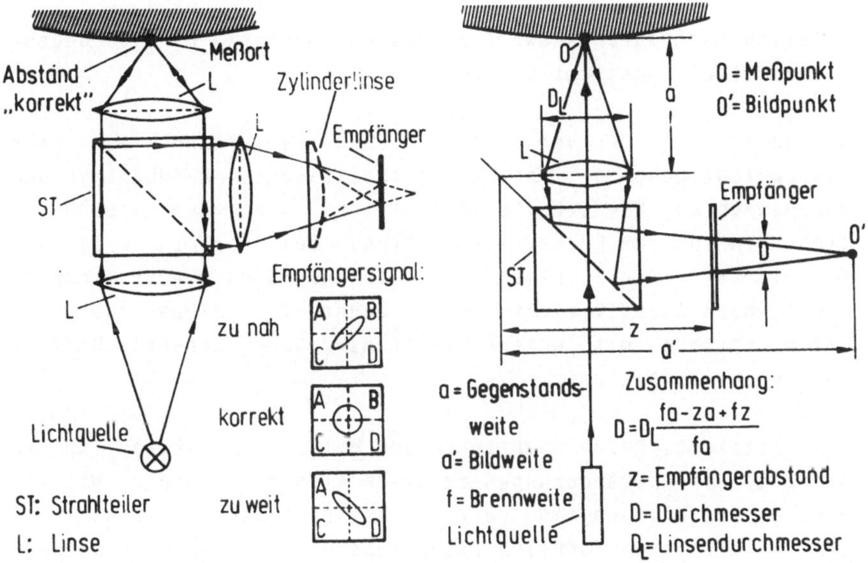

Bild 4.2: Astigmatische Fokussiermeßanordnung und Meßanordnung nach dem "Unschärfeprinzip".

aussetzung wird mit guter Näherung erreicht, indem ein eng begrenzter Lichtstrahl (He-Ne-Laser) zentrisch durch das Beleuchtungs- und Meßobjektiv geführt wird. Zur Auswertung wird die Antastfläche (Bild 4.2 (rechts): O) entsprechend dem Abbildungsgesetz auf ihren Bildpunkt (O´) abgebildet. Auf einem lichtempfindlichen Zeilenempfänger der innerhalb der Bildweite a´ angeordnet ist (Bild 4.2, rechts), entsteht eine unscharfe Abbildung. Wie auf einfache Weise herzuleiten ist besteht zwischen dem Durchmesser D und der Gegenstandsweite a die Beziehung: (z : Festlegung aus Bild 4.2 ersichtlich)

$$D = D_L \left(\frac{f\,a - z\,a + f\,z}{f\,a} \right) \qquad \text{(Gl. 4.1)}$$

Für den Sonderfall z = f gilt:

$$D = D_L \frac{f}{a} \longrightarrow a = f \frac{D_L}{D} \qquad \text{(Gl. 4 2)}$$

Folglich kann durch Auswertung des Duchmessers D die Gegenstandsweite a bestimmt werden.

Die Beurteilung der vorgestellten Fokussierverfahren ist unter Berücksichtigung der anwendungsspezifischen Randbedingungen durchzuführen. Wie bereits verdeutlicht, kann der uneinheitliche Einfluß des Rückstreuverhaltens bei der in Bild 4.1 skizzierten prinzipiellen Fokussieranordnung weder kompensiert, noch quantifiziert werden. Daher ist diese Anordnung bei Werkstücken mit unterschiedlicher Oberflächenbeschaffenheit nicht einsetzbar.

Das skizzierte Prinzip entsprechend Bild 4.2 (links) ist in der Lage Abstandsänderungen im µm-Bereich zu erkennen. Wie eigene Untersuchungen mit verfügbaren Systemen ergaben, kann eine zuverlässige Funktion allerdings nur bei stark rückstreuenden bzw. spiegelnden Oberflächen gewährleistet werden (Probleme bezüglich ausreichender Intensität). Diese Einschränkung schließt den Einsatz des Verfahrens in einigen bedeutenden Roboteranwendungsbereichen (z.B Messen von unlakkierten Karosserieteilen) vollständig aus. Es verfügt nicht über die erforderliche Werkstoffunabhängigkeit.

Die Problematik beim Unschärfeprinzip ergibt sich durch die Notwendigkeit, einen nahezu parallelen Lichtstrahl mit kleinem Durchmesser zu erzeugen. Die Baugröße geeigneter verfügbarer Lichtquellen, die diese Anforderungen hinreichend erfüllen (z.B. He-Ne-Laser), steht im Widerspruch zu den Vorgaben, eine kompakte Baugröße und ein geringes Gewicht des Sensormeßkopfes zu erreichen.

Wie aus den obigen Überlegungen deutlich wird, sind die aufgeführten Fokussierverfahren aus unterschiedlichen Gründen für Anwendungen im Roboterbereich ungeeignet.

4.1.5 Triangulationsmeßverfahren

Weitere Meßmethoden nutzen die geometrische Zuordnung von Lichtquelle, Lichtempfänger und Meßobjekt aus. Beispielhaft sei hier das Triangulationsmeßverfahren angesprochen, das in verschiedenen Varianten bekannt ist /7,8,17,18/.

Die verbreiteste Anordnung dieses Meßverfahrens ist in Bild 4.3 skizziert. Mit Hilfe einer Lichtquelle und entsprechender Optik wird ein diffus reflektierender Lichtfleck auf einer Meßobjektoberfläche erzeugt /18/. Ein konvexes optisches System bildet den Lichtfleck auf die Empfangseinheit ab.

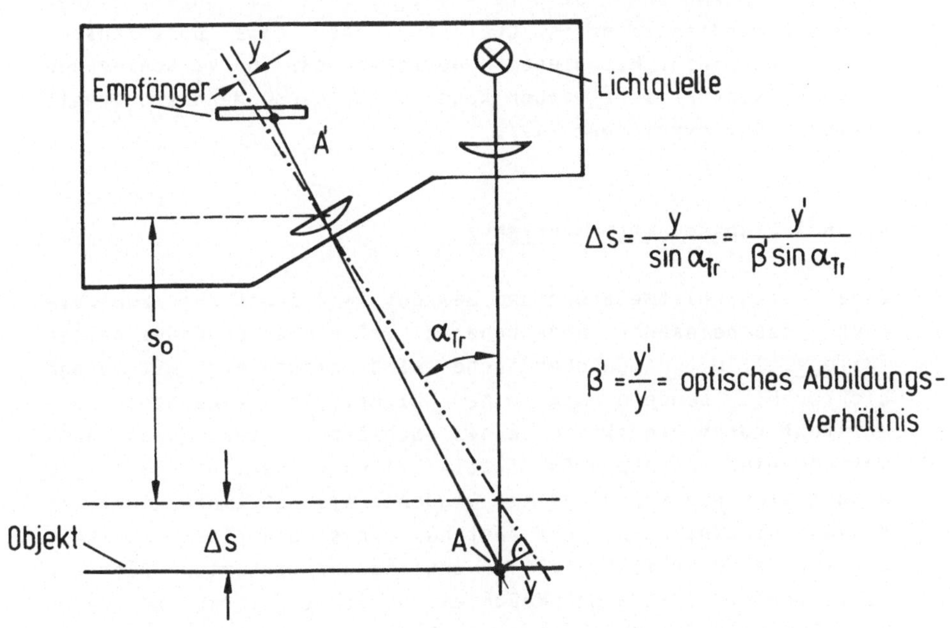

Bild 4.3: Triangulationsmethode mit konstantem Lichtstrahl

Die Entfernungsberechnung der skizzierten Anordnung erfolgt mit der Gleichung:

$$s = s_0 + s = s_0 + \frac{y}{\sin(\alpha_{Tr})} \tag{4.3}$$

$$s = s_0 + \frac{y'}{ß'\sin(\alpha_{Tr})} \tag{4.4}$$

Dabei ist der Abstand s_0 als Schnittpunkt der optischen Achsen von Sender und Empfänger festgelegt, ist α_{Tr} der Winkel, den Sender und Empfänger einschließen und ß'das Abbildungsverhältnis der Empfängeroptik (ß'= y'/y). Als Empfänger eignet sich ein eindimensionales CCD-Array oder eine positionsempfindliche Diode. Mit diesem Meßprinzip, das in verschiedenen Einzelheiten variiert werden kann, ist eine Meßunsicherheit kleiner 10µm erreichbar /19/.

4.1.5.1 Lichtschnittmeßverfahren

Eine Lichtschnittmeßanordnung besteht im Prinzip aus zahlreichen nebeneinander angeordneten Triangulationsmeßeinheiten (Bild 4.4). Die Meßgutoberfläche wird nicht nur mit einem Lichtpunkt, sondern mit einer Lichtlinie beleuchtet. Sie entsteht durch Projektion eines Schlitzes oder durch Aufweitung eines Lichtpunkts mittels Zylinderlinse. Als Empfänger eignet sich ein flächenhaftes Diodenarray. Mit einer einzelnen Messung wird nicht nur der Abstand eines einzelnen Punktes, sondern der Oberflächenverlauf entlang der gesamten Schnittlinie von Lichtlinie und Meßobjekt bestimmt. Hierzu ist weder eine Bewegung der Beleuchtung noch des Empfängers notwendig.

Auf Grund der offensichtlichen Vorteile dieser Meßprinzipvariante, wurde sie unter wirklichkeitsnahen Bedingungen getestet. Hierzu wurde das Oberflächenprofil von Schweißnähten und Lotverbindungen im Nahtbereich von Karosserieteilen vor und nach einer Bearbeitung gemessen. Ziel war es den Bearbeitungsfortschritt durch Geometriemessung zu bestimmen.

Wie Bild 4.4 verdeutlicht, kann im teilbearbeiteten Zustand der formgetreue Oberflächenverlauf mit ausreichender Genauigkeit gemessen werden (Bild 4.4(a)). Eine weitere Schleifbearbeitung verändert diesen Sachverhalt erheblich. Die Rückstreu- und Reflexionseigenschaften der Oberfläche werden sehr uneinheitlich beeinflußt und schwanken in einem großen Bereich. Selbst durch Korrektur der Empfängerempfindlichkeit ist es meist nicht möglich, ein vollständiges Schnittbild zu erhalten (Bild 4.4(b)). Diese Problematik resultiert aus der Tatsache, daß die Lichtintensität nicht an einer einzelnen Stelle der Lichtlinie korrigierbar ist. Vielmehr kann nur die Intensität der gesamten Lichtlinie oder die Empfindlichkeit des gesamten Empfängers (Blende, Belichtungszeit) verändert werden. Auf Grund dieser prinzipbedingten Schwachstelle, wird das Lichtschnittverfahren für die weiteren Entwicklungen nicht eingesetzt.

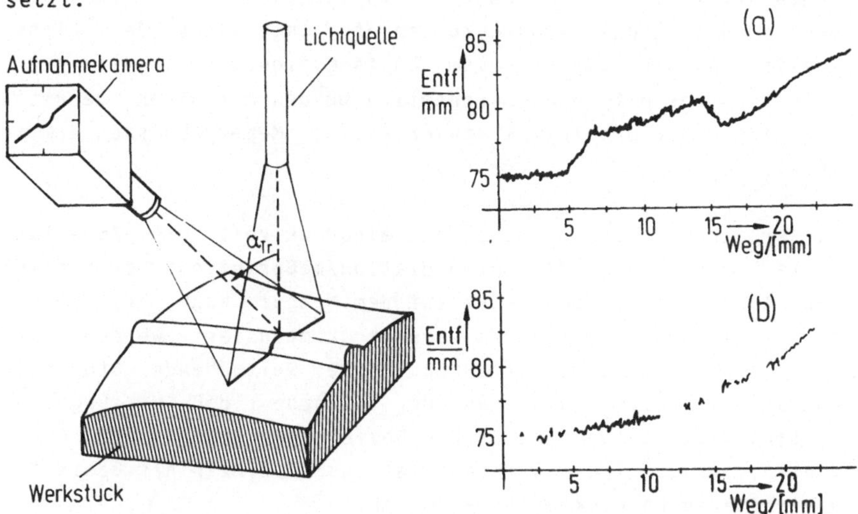

Bild 4.4: Prinzip einer Lichtschnittmeßanordnung und Profilmeßbilder (a : teilbearbeitet; b : endbearbeitet)

4.1.6 Bewertung und Auswahl des Meßverfahrens

Die vorangegangenen Untersuchungen verdeutlichen, daß Interferometrie, Laufzeit-, Phasen- und Fokussiermeßverfahren angesichts der gegebenen Randbedingungen ungeeignet sind. Sie sind entweder zu sehr von den Eigenschaften des reflektierenden Materials abhängig (Kap.4.1.1, Kap.4.1.4a), zu ungenau (Kap.4.1.2, Kap.4.1.4b) oder zu langsam (Kap.4.1.3). Dagegen sind Meßverfahren, deren Funktion auf der Messung geometrischer Größen beruht (Triangulation), für einen optischen Robotersensor prinzipiell geeignet.

Die Grenzen des Triangulationsmeßverfahrens werden an sehr stark spiegelnden Meßgutoberflächen (ausprägte, gerichtete Reflexion --> nahezu keine Streuung) und an Oberflächen mit starkem Absorbtionsvermögen deutlich. In diesen Fällen wird der empfangene Signalpegel an einzelnen Stellen der Oberfläche zu klein und ist daher nur noch bedingt auswertbar (--> Problem beim Lichtschnittmeßverfahren). Um diesem Effekt entgegenzuwirken, wird in neueren Entwicklungen bei punktuell messenden Triangulationsmeßkopfen die Intensität der Lichtquelle in Abhängigkeit vom Empfangssignal geregelt /20/. Selbst an geschliffenen Blechteilen werden mit einer derartigen Meßeinheit problemlos zuverlässige Meßergebnisse ermittelt.

Dieser Sachverhalt verdeutlicht eindrucksvoll die Zuverlässigkeit und Eignung des Triangulationsmeßprinzips. Der Einfluß von Staub, Schmutz oder Rost auf dem Meßgut kann bei keinem der verglichenen Verfahren besser kompensiert werden, als beim Triangulationsmeßverfahren. Diese weitgehende Störungsunempfindlichkeit basiert auf der Tatsache, daß Messung des Abstandes auf trigonometrischen Beziehungen beruht. Auf Grund dieser Vorzüge wird das Triangulationsmeßprinzip als Basis für die weiteren Entwicklungen ausgewählt.

Nachfolgend wird auf den Aufbau und die Auswahl der einzelnen Komponenten einer Triangulationsmeßeinheit eingegangen und deren Beeinträchtigung durch Störungen abgeschätzt.

4.2 Auswahl und Aufbau der Einzelkomponenten einer Triangulationsmeßeinheit

Die wesentlichen Komponenten einer Triangulationsmeßeinheit sind:

- Lichtquelle und
- Empfangseinheit.

Zunächst werden die Anforderungen an eine geeignete Lichtquelle erstellt und ihr Aufbau konzipiert.

4.2.1 Auswahl und Aufbau einer geeigneten Lichtquelle

He-Ne-Laser senden einen nahezu parallelen Lichtstrahl (typische Divergenz : < 3mrad /21/) mit kleinem Strahldurchmesser (typisch: 0,6mm /21/) aus. Die Abmessungen dieser Lichtquelle (typisch: Durchm. 25mm, Länge 240mm /21/) stellen jedoch ein unüberwindbares Problem bei der Entwicklung kleiner, kompakter Triangulationsmeßköpfe dar.

Im Gegensatz hierzu erweisen sich Lumineszenz- oder Laserdioden als geeignete Lichtquellen für den Einsatz in Sensorsystemen für Industrieroboter. Sie haben kleine Abmessungen, eine hohe mechanische Stabilität (im Gegensatz zu Glühlampen) und eine lange Lebensdauer (typisch: 10^5h /22/). Darüber hinaus können diese Dioden bis zu hoher, durch Aufbau und Schaltkapazität vorgegebener Grenzfrequenz, moduliert werden.

Die Leuchtdichte (Def.: Lichtstärke pro Flächenelement senkrecht zur Lichtrichtung) bzw. Strahldichte (Def: Strahlstärke pro Flächenelement senkrecht zur Strahlrichtung) steigt nahezu linear mit dem Durchlaßstrom an. Die kleine Abstrahlfläche des Halbleiters ergibt bei nicht streuender Einbettung eine nahezu punktförmige, monochromatische Strahlungsquelle. Bei hoher Stromdichte und entsprechendem geometrischem Aufbau (Resonator) ergibt sich ein fließender Übergang von einer Lumineszenzdiode zum Halbleiterlaser /22/.

Die räumliche Ausbreitung der Strahlung hängt entscheidend von der Gehäuseform an der Strahlungsaustrittsseite (Linse, Planfenster, Gehäusekrümmung bei Kunststoffgehäusen) und der Lage der emittierenden Fläche im Gehäuse ab. Hohe Werte für die Strahlstärke deuten beispielsweise auf eine starke fokussierende Linse hin.

Wesentlich ist jedoch nicht der absolute Wert der Strahlstärke in einem kleinen Bereich, sondern die genutzte Strahlleistung. Sie ist von der Abstrahlcharakteristik der Lichtquelle abhängig. Zur Kennzeichnung wird in Datenbüchern üblicherweise /23/ der Halbwertswinkel $\gamma_{0,5}$ angegeben. Darunter wird die Abstrahlrichtung verstanden, bei der die Licht- bzw. Strahlstärke den halben Maximalwert hat.

Soll das austretende Licht, das längs der gesamten Austrittsöffnung abgestrahlt wird, bis zu diesem Grenzwinkel genutzt werden, so ergeben sich die in Bild 4.5 verdeutlichten Zusammenhänge. Dabei ist d_{LED} der wirksame Durchmesser der LED-Linse und x der rechnerische Abstand der punktuellen Lichtquelle im LED, unter der Annahme, daß die LED-Linse keine strahlablenkende Wirkung hat. Aufgrund des konstruktiven Aufbaus der LED besteht zwischen dem Halbwertswinkel $\gamma_{0,5}$, dem rechnerischen Abstand x und dem Durchmesser d_{LED}) folgende Abhängigkeit:

$$\tan \gamma_{0,5} = \frac{d_{LED}/2}{x} \qquad (4.5)$$

Für die in Bild 4.5 skizzierte Lumineszenzdiode (CQY 33, $\gamma_{0,5} = 40^{o}$, $d_{LED} = 3{,}9$ mm) ergibt sich der rechnerische Abstand x = 2,32mm. Gleichzeitig legt dieser Wert die minimal zulässige Brennweite des nachfolgenden sammelnden optischen Systems (f_{min} = x) fest. Der ausgangsseitige Durchmesser d_{Strahl} des abgestrahlten Lichtkegels berechnet sich nach folgender Beziehung:

$$\frac{d_{Strahl}}{d_{LED}} = \frac{f}{x} \quad ---> \quad d_{Strahl} = d_{LED} \frac{f}{x} = f\ (2 \tan \gamma_{0,5}) \qquad (4.6)$$

Damit der abgestrahlte Lichtkegel konvergiert, muß a > f gewählt werden. Durch ausgangsseitige Blenden und Strahlenfallen wird die Randstrahlung des Lichtkegels zusätzlich begrenzt.

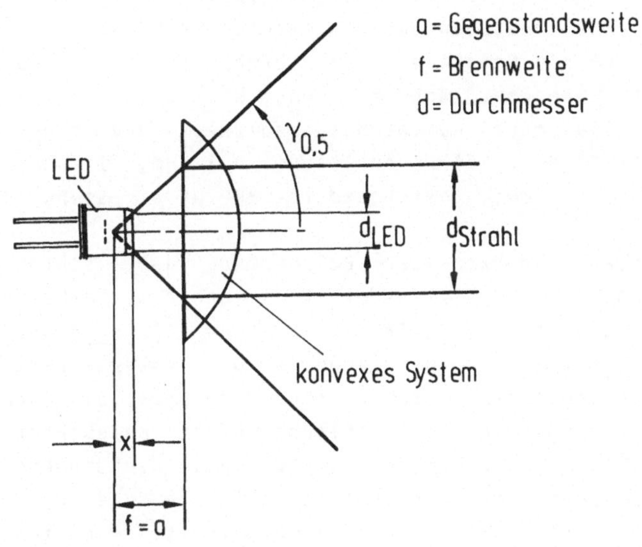

Bild 4.5: Abstrahlcharakteristik der Beleuchtungseinheit

4.2.2 Auswahl und Aufbau der Empfangseinheit

Wie bei der Erläuterung des Triangulationsmeßpinzips (Kap. 3.5) beschrieben, muß der optoelektronische Empfänger den Ort eines Lichtpunkts in ein elektrisches Ausgangssignal wandeln. Dafür eignen sich zwei von der Funktion her unterschiedliche Bauelemente: eine Diodenzeile (CCD = Charge Coupled Diode, CCPD = Charge Coupled Photo Diode) oder ein Positionsdetektor. Eine Diodenzeile besteht, vereinfacht dargestellt, aus einer bestimmten Anzahl von nebeneinander angeordneten Photodioden. Der Ladungszustand jeder einzelnen Diode wird über ein serielles Schieberegister ausgelesen. Diese Daten ergeben ein genaues Bild der Lichtverteilung längs der Diodenzeile. Aber dies sind unnötig viele Daten, die vom Sensorrechner gesichtet und aufbereitet werden müssen.

Ein Positionsdetektor dagegen liefert an seinen zwei Ausgängen je einen Strom. Aus dem Verhältnis dieser beiden Ströme wird der Ort des Lichtpunkts bestimmt (Bild 4.6). Positionsdetektoren (PSD) bestehen aus monolithischen PIN-Dioden (PIN = Positive-Intrinsic-Negative, spez. aufgebaute Dioden) und einer einheitlichen Oberfläche mit hohem Widerstand. Ihre Vorteile sind die hohe Auflösungsgenauigkeit und eine kurze Ansprechzeit (z.B. S 1545: Auflösung 0,3 µm, lichtempfindliche Fläche: 12 mm; Anstiegszeit: 20 µs , siehe /24/).

Bei idealisierter punktueller Beleuchtung der lichtempfindlichen Fläche eines Positionsdetektors kann das Verhalten an Hand der Ersatzschaltung erläutert werden (Bild 4.6b). Der Lichtpunkt wirkt als Photostromquelle. Der Innenwiderstand R_i und die Sperrschichtkapazität C_i sind dazu parallel geschaltet (Bild 4.6b). Da die restliche Fläche nicht beleuchtet ist, wirken die Flächen auf beiden Seiten des Lichtpunktes wie Widerstände. Daher wird der Photostrom I_0 in die Ströme I_1 (Elektrode 1) und I_2 (Elektrode 2) aufgeteilt. Es gelten folgende Beziehungen /24/:

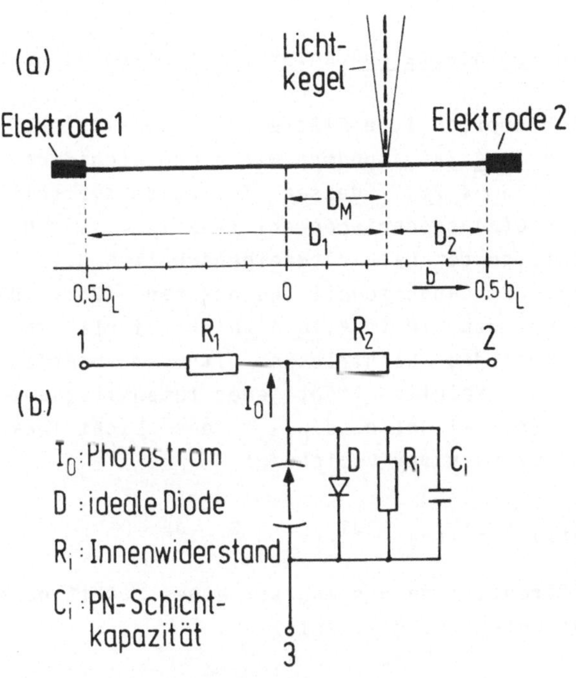

Bild 4.6: Geometrische Beziehungen (a) und Ersatzschaltbild eines Positionsdetektors (b)

$$\frac{I_1}{I_2} = \frac{R_2}{R_1} = \frac{b_2}{b_1} = \frac{b_L - b_1}{b_1} \tag{4.7}$$

(Abkürzung: $b_L = b_1 + b_2$, Bild 4.6a).
Die Position des Lichtpunktes (b_M, Bild 4.6a) wird durch die Gleichung

$$b_M = \frac{b_L}{2} - b_2 = \frac{b_L}{2} \frac{(I_1 + I_2)}{(I_1 + I_2)} - b_L \frac{I_1}{(I_1 + I_2)}$$

$$b_M = - \frac{b_L}{2} \frac{(I_1 - I_2)}{(I_1 + I_2)} \tag{4.8}$$

bestimmt.

4.2.2.1 Prinzipbedingte Meßfehler der Empfangseinheit

Wird die lichtempfindliche Fläche nicht idealisiert punktuell beleuchtet (Bild 4.7a), sondern mit einem Lichtfleck endlicher Ausdehnung (Bild 4.7b), dessen Intensitätsverteilung durch eine Funktion G(x) beschrieben sei (--> $I_0 = \int G_{(x)} dx$), so läßt sich infolge der Halbleitereigenschaften des PSD dessen Verhalten mit dem Bändermodell beschreiben /25/. Damit kann gezeigt werden, daß die in Bild 4.7b skizzierte reale Intensitätsverteilung des Lichtflecks mit dem Überlagerungssatz berechenbar ist. Folglich trägt jeder Intensitätsanteil dI_0 an der Stelle x (Schreibweise: $dI_{0(x)}$) des Lichtflecks zu den Teilströmen bei nach der Beziehung:

$$dI_{0(x)} = dI_{1(x)} + dI_{2(x)} = G_{(x)} dx \qquad (4.9)$$

Für den differentiellen Stromanteil eines Lichtflecks an der Stelle x des Detektors gilt folglich:

$$\left. \frac{dI_1}{dI_2} \right|_x = \frac{b_2 - x}{b_1 + x} \qquad (4.10)$$

Mit den Gleichungen 4.9 und 4.10 erhält man dann den folgenden Zusammenhang:

$$I_1 = \frac{b_2}{b_L} \int G_{(x)} dx - \frac{1}{b_L} \int x G_{(x)} dx \qquad (4.11)$$

Nach Umformung von Gleichung 4.11 und unter Berücksichtigung der Beziehung $I_0 = I_1 + I_2 = \int G_{(x)} dx$ folgt daraus:

$$b_M = - \frac{b_L}{2} \frac{I_1 - I_2}{I_1 + I_2} + \frac{\int x G_{(x)} dx}{I_1 + I_2} \qquad (4.12)$$

Beim Vergleich von 4.12 mit 4.8 wird der Unterschied zwischen realem Meßergebnis und idealisierter Berechnung deutlich. Die Größe des Lichtflecks hat genau dann keinen Einfluß auf die Kennlinie $b_M = f(I_1, I_2)$, wenn die Lichtverteilung symmetrisch

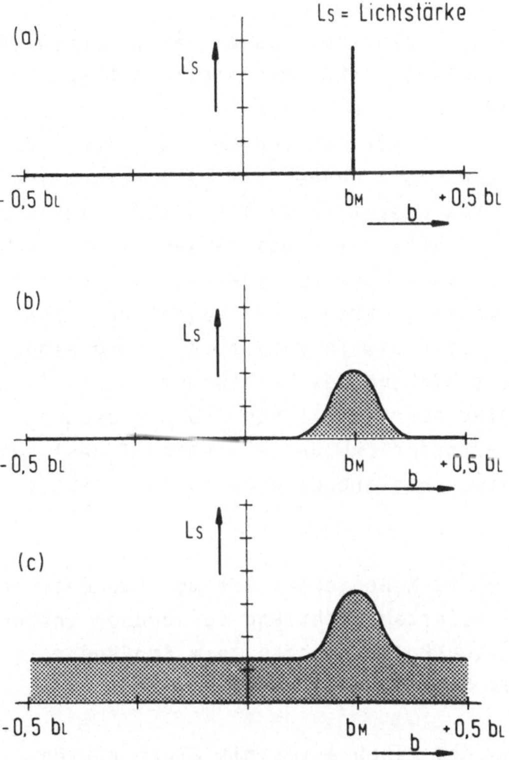

Bild 4.7: Lichtverteilung auf PSD: idealisierte punktuelle Beleuchtung (a); reale punktuelle Beleuchtung ohne Fremdlicht (b); reale punktuelle Beleuchtung mit Fremdlicht (c);

ist ($\int xG_{(x)}dx = 0$). Ist dagegen die Intensitätsverteilung innerhalb des Lichtflecks unsymmetrisch ($\int xG_{(x)}dx <> 0$), dann ergibt sich ein verfälschender Anteil. Im Extremfall kann hierdurch eine Verschiebung um den halben Lichtfleckdurchmesser entstehen. Um diesen Meßfehler zu minimieren, ist ein kleinstmöglicher Durchmesser des Meßlichts anzustreben (gängige Größe: 1mm).

Neben den Auswirkungen der zuvor erläuterten Problematik existiert eine weitere nicht vernachlässigbare Fehlerquelle, die nachfolgend untersucht wird. Bei einer Änderung der Lichtverteilung (Intensitätsänderung, Änderung des Beleuchtungsorts) auf dem Positionsdetektor ist entscheidend, ob sich der Schwerpunkt des Gesamtlichts längs der lichtempfindlichen Fläche verschiebt. Setzt sich das Gesamtlicht beispielsweise aus einem außerzentrischen symmetrischen Lichtfleck (Meßlicht) und gleichmäßig verteiltem Tageslicht zusammen (Bild 4.7c), so ergibt sich bei Intensitätsänderung eines der beiden Signale eine Verschiebung des Lichtschwerpunkts (= berechneter Ort von b_M). Dies führt zu einem abweichenden Meßergebnis. Deshalb ist es erforderlich das störende Tageslicht zu kompensieren. Um diese Fehlerquelle zu beheben gibt es drei Möglichkeiten:

- Beleuchtung des Meßobjektes mit monochromatischem und /oder polarisiertem Licht und Verwendung entsprechender Filter/Polarisatoren beim Empfänger, d.h. filtern des Störlichts.

- Beleuchtung des Meßobjektes mit einem kurzen, lichtintensiven Lichtimpuls und Synchronisation des Empfängers. Damit ist der Fremdlichteinfluß vernachlässigbar gering.

- Takten oder Modulieren der Beleuchtung und Messung der Ströme I_1 und I_2 während der Beleuchtungs- und der Dunkelphase. Damit läßt sich der Einfluß des Störlichtes eliminieren.

Die Verwendung von Filtern ist dann sinnvoll, wenn die Lichtfrequenz des Meßsignals sich deutlich vom störenden Fremdlicht unterscheidet. Entsprechendes gilt für die Polarisationsrichtung im Zusammenwirken mit Polarisatoren. Ihr Nutzen und ihre Wirkung kann nicht universell beurteilt, sondern muß von Fall zu Fall geprüft werden.

Bei der zweiten Alternative (kurze Lichtimpulse) müssen ebenfalls die Lichtverhältnisse (Lichtintensität) der Umgebung gemessen werden, um den quantitativen Einfluß des Fremdlichts beurteilen zu können und um abzuschätzen, ob er vernachlässigbar ist. Die Eignung beider Verfahren muß also an den speziellen Umgebungsbedingungen beurteilt werden. Dieser Nachteil ergibt sich beim Takten der Beleuchtungsquelle nicht. Dabei wird während der Beleuchtungsphase das Meßsignal mit Störlicht und während der Dunkelphase ausschließlich das Störlicht mit demselben Empfangselement gemessen.

Durch Kombination von getakteter Beleuchtungsquelle und einem Lichtfilter am Empfänger kann der Einfluß des Umgebungslichts nahezu vollständig kompensiert werden (gemessene Entfernungsverfälschung durch Zimmerbeleuchtung ca. 20µm).

Ziel der vorangegangenen Untersuchungen von Kap.4.1 und Kap.4.2 war es, ein geeignetes Meßverfahren für ein robotergeführtes Sensorsystem zu finden. Die Grenzen und Ursachen von systembedingten Fehlern wurden verdeutlicht. Dies ist eine Voraussetzung um ihnen entgegenwirken oder zumindest ihre Auswirkungen berücksichtigen zu können.

Die bisherigen Überlegungen und Untersuchungen haben sich ausschließlich auf eine starre Einzelmeßanordnung, ihr Meßprinzip und die Fehlereinflüsse beschränkt. Inhalt der nachfolgenden Überlegungen ist es, Lösungsansätze zur Steuerung des Meßort zu finden und sie hinsichtlich ihrer Eignung zu untersuchen.

4.3 Steuerung des Meßorts

Werden die Bewegungsmöglichkeiten eines Roboters beim Abtasten von Werkstücken mit einem Sensormeßkopf ausgenutzt, so können dadurch sehr großflächige Werkstücke abgetastet werden. Im Gegensatz dazu sollte beim Abtasten kleiner Flächen (siehe Kap.3.2) auf Bewegungen des Roboters verzichtet werden. Vorteil dieser Maßnahme ist es, die zu beschleunigenden Massen (Robotermechanik) und die erforderliche Positionierzeit des Roboters wesentlich zu reduzieren und somit die erreichbare Abtastgeschwindigkeit zu erhöhen. Folgende Ansätze sind prinzipiell zu unterscheiden:

- Steuerung des Meßorts durch Lichtablenker,
- starre, anwendungsspezifische Anordnung mehrerer Einzelmeßeinheiten,
- kontrollierte Bewegung einer einzelnen Meßeinheit oder der gesammten anwendungsspezifischen Anordnung.

Zum Auffinden von Lösungsansätzen werden in den nachfolgenden Abschnitten unterschiedliche Varianten gegenübergestellt und hinsichtlich ihrer Eignung beurteilt. Zunächst werden mehrere bekannte Lichtablenkeinheiten untersucht.

4.3.1 Akustooptische Lichtablenkung

Die technische Entwicklung akustooptischer Ablenkverfahren beruht auf dem fotoelastischen Effekt. Dieser besagt, daß sich der Brechungsindex eines ablenkenden Mediums durch eine elektrische bzw. mechanische Spannung geringfügig ändern läßt /26/. Ein Ablenksystem nach diesem Prinzip ist in Bild 4.8 dargestellt. Als Schallmedium kann sowohl eine Flüssigkeit (z.B. Lithiumsulfat) als auch ein Festkörper (z.B. Lithiumtriobat, Telluriumdioxid) dienen. Über einen Schallgenerator und einen aufgeklebten dünnen piezoelektrischen Wandler wird eine kontinuierliche Ultraschallwelle hoher, aber veränderba-

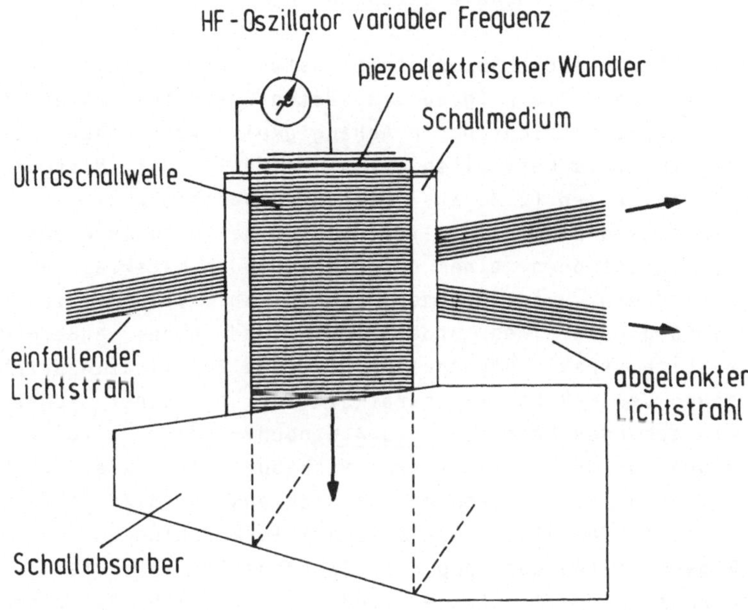

Bild 4.8: Akustooptische Lichtablenkung /26/

rer Frequenz erzeugt. Die entstehende Schallwelle verursacht im Medium Druckschwankungen und damit eine räumlich periodische Änderung des optischen Brechungsindexes.

Das beschriebene elektroakustische Verfahren ermöglicht durch die Anwendung hochfrequenter Ultraschallwellen eine quasi trägheitslose, analoge Ablenkung von Laserstrahlen in einer Größenordnung von $\pm 0,5^{\circ}$. Da die derzeit verfügbaren akustooptischen Ablenkelemente, sogenannte Braggzellen sehr stoßempfindlich sind, eignen sie sich nicht für einen Einsatz im Roboterbereich.

4.3.2 Elektrooptische Lichtablenkung

Eine elektrooptische Ablenkstufe besteht prinzipiell aus zwei Grundelementen. Die Aufgabe des ersten Elementes besteht darin die Polarisationsrichtung in Abhängigkeit von einer Steuerspannung mittels Kerrzellen (z.B. gefüllt mit Nitrobenzol) oder Pockelzellen (z.B. aus Kaliumhydrogenphosphat) zu drehen. An dieses Element schließt sich eine Komponente aus einem optisch anisotropen, einem doppelbrechenden Material an /25/. Darin wird ein eindringender Lichtstrahl polarisationsrichtungsabhängig in einen ordentlichen und einen außerordentlichen Lichtstrahl aufgespalten. Ist die Polarisationsrichtung (Richtung des E-Vektors) parallel zur optischen Achse des doppelbrechenden Prismas (Bild 4.6 oben), dann erfolgt eine Ablenkung in der skizzierten Richtung. Ist sie senkrecht zur optischen Achse, dann ergibt sich das in Bild 4.6 unten dargestellte Verhalten. Die beiden Ablenkrichtungen sind durch die Eigenschaften des doppelbrechenden Elements festgelegt; davon abweichende Richtungen sind nicht möglich. Bei einem in /27/ beschriebenen System wird pro Ablenkeinheit ein Ablenkwinkel von ca. 6´ erzielt.

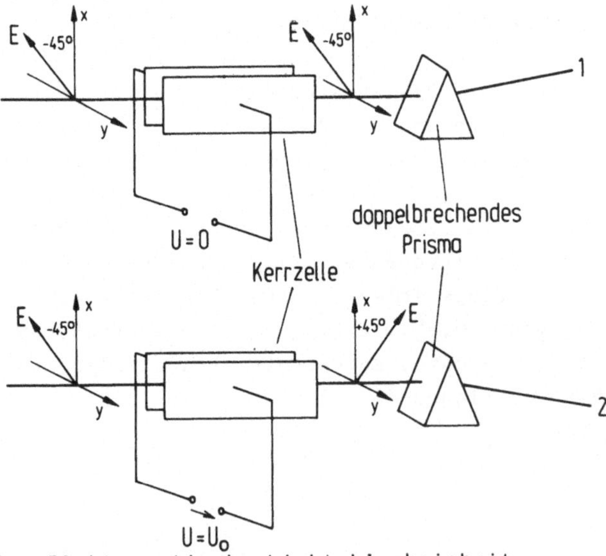

Bild 4.9: Elektrooptische Lichtablenkeinheit

Eine Anordnung von N Ablenkstufen ergibt 2^N ansteuerbare Richtungen. Die notwendige serielle Anordnung zahlreicher optischer und elektrooptischer Komponenten erfordert einen präzisen mechanischen Aufbau. Als Vorteile dieser Ablenker erweisen sich die sehr schnelle Ablenkung (200 ... 700 ns) sowie die Verschleißfreiheit, da keine bewegten mechanischen Teile Verwendung finden.

Die Anordnung eignet sich nicht für Anwendungen mit eingeschränktem Raumangebot, da sie einen großen Raumbedarf besitzt. Für eine einzelne Ablenkstufe wird eine Länge von minimal ca. 10cm /27/ benötigt. Der erforderliche Platz für mehrere hintereinander geschaltete Ablenkstufen ist bei Anwendungen im Roboterbereich nicht gegeben.

4.3.3 Elektromechanische Lichtablenker

Bestandteil der meisten elektromechanischen Ablenkeinheiten ist ein Spiegelelement, das durch elektromechanisch erzeugte Kraft bewegt wird. Nach funktionalen Gesichtspunkten erfolgt eine Gliederung in:

- Resonanzschwinger mit konstanter Frequenz und veränderbarer Amplitude;
- steuerbare, analoge Ablenker;
- rotierende Ablenker.

4.3.3.1 Resonanzschwinger

Zu den Resonanzschwingern gehören Torsionsband- und Torsionsstabschwinger. Bei ihnen wird durch eine elektromagnetisch wirkende Kraft ein Federelement (Stab bzw. Band) mit daran befestigten Spiegeln tordiert. Die Federkraft dieses Elementes bewirkt die Rückstellbewegung. Durch einen Rückkopplungskreis wird eine Resonanzschwingung erzeugt. Die dynamischen Eigenschaften der Schwinger werden im wesentlichen durch die Federkonstante des Federelementes sowie durch das Trägheitsmoment aller bewegten Teile bestimmt (Stab bzw. Band mit daran befestigtem Spiegel). Der Frequenzbereich heute erhältlicher Stabschwinger erstreckt sich von ca. 400 Hz bis 22 kHz. Dabei ist eine Winkelbewegung des Spiegels von ca. $\pm 1^{\circ}$ für die höchsten Frequenzen und bis zu $\pm 5^{\circ}$ für die unteren Frequenzen möglich /28/. Das Spektrum der Schwingfrequenzen wird von Torsionsbandschwingern, die einen Bereich von 800 Hz bis 10 Hz abdecken, nach unten hin ergänzt. Dabei ergeben sich maximale Ablenkwinkel bis zu $\pm 15^{\circ}$ /28/. Der Geschwindigkeits-Zeit- bzw. der Weg-Zeit-Verlauf von Torsionsschwingern ist nicht frei wählbar. Die Anregung mit der Resonanzfrequenz erfolgt sinusförmig. Der notwendige konstruktionstechnische Aufwand, um diese Elemente robust gegen Stöße und Vibrationen zu machen, ist erheblich. Für den benötigten Ablenkbereich (vergl. Kap 3.2) ist die erreichbare Dynamik (90 Hz /29/) nicht ausreichend.

4.3.3.2 Steuerbare, analoge Lichtablenker

Am weitesten verbreitet sind galvanische Lichtablenker (Galvanoscanner), deren Funktionsprinzip identisch ist mit dem eines Drehspulmeßgerätes (Stator, Rotor). Je nach Ausführung und Dimensionierung läßt sich dieser Lichtablenker in weiten Grenzen bezüglich den Abmessungen und der Dynamik variieren. Die Genauigkeit und Lebensdauer eines Galvanoscanners wird wesentlich durch eine exakte, reibungsarme Lagerung des Rotors bestimmt. Hierin besteht eine wesentliche Schwachstelle dieses Ablenksystems.

Zur Ablenkung eines Lichtstrahls in zwei zueinander senkrechten Richtungen (Abtasten einer Fläche), müssen zwei Galvanoscanner hintereinander angeordnet werden. Dabei muß der

Ablenkspiegel des zweiten Scanners groß dimensioniert werden, damit der abgelenkte Lichtstrahl, unabhängig von der augenblicklichen Position des ersten Scanners dessen Spiegel erreicht. Dadurch hat der zweite Scanner ein großes Trägheitsmoment und das Ablenksystem wird langsam /29/.

4.3.3.3 Piezoablenker

Auf einer vollkommen anderen Technologie beruhen piezoelektrische Lichtablenker. Sie sind aus sogenannten piezoelektrischen Elementen aufgebaut. Diese Elemente verändern ihre geometrischen Abmessungen proportional zu einer angelegten Spannung. Bei einer Piezo-Lichtablenkeinheit werden zwei piezoelektrische Wafer mit Spannungen entgegengesetzter Polarisation angesteuert. Die entstandenen elektrischen Felder bewirken eine Ausdehnung des einen und eine Kontraktion des anderen Wafers. Dadurch wird ein mit beiden Elementen verbundener Spiegel gedreht. Zur Erzeugung dieser Bewegung ist eine relativ hohe Spannung bzw. Spannungsänderung (Größenordnung: 10µm ≙ 1000 V) notwendig, so daß die erforderlichen Treiber- und Steuerschaltungen kompliziert werden. Aber es wird nahezu kein Strom benötigt, um den Spiegel in jeder beliebigen Position zu halten /30,31/. Werden kleine Spiegel und kleine Wafer verwendet, so kann die erzielbare Frequenz die eines Galvanometers wesentlich übertreffen (4,5 kHz, vergl. /31/) . Eine Abschätzung deren Grundlage der größtmögliche Hub marktgängiger Piezoelemente (0 ... 100µm) in unterschiedlichen Ausführungen (Stapel- oder Streifentranslator) und Abmessungen darstellt, ergibt einen maximalen Drehbereich von ca. $0{,}2^{o}$. Dieser Drehbereich ist zu klein.

4.3.3.4 Rotierende Ablenker

Rotierende Umlenkspiegel bzw. Polygonprismen stellen eine weitere Variante elektromechanischer Ablenker dar. Durch konstruktive (Anzahl der Spiegelelemente pro Umdrehung) und steuerungstechnische Vorgaben (Rotationsgeschwindigkeit) können Abtastwinkel und -frequenz in weiten Bereichen variiert werden. Mit einer Anordnung entsprechend Bild 4.10 wird eine punktuell antastende Triangulationsmeßeinheit mit einem zusätzlichen Freiheitsgrad ausgestattet. Durch Rotation des Ablenkelements wird ein starr vorgegebener Scannbereich zyklisch abgetastet.

Das skizzierte Ablenkprinzip (Bild 4.10) hat zur Folge, daß die Meßergebnisse zunächst in Polarkoordinaten vorliegen, da äquidistante Punkte auf Kreisen zentrisch zur Drehachse liegen. Beim Abtasten ebener Flächen kann dies im Randbereich zu Problemen hinsichtlich der Meßbereichsgrenzen führen, so daß nur ein Teil des Abtastbereichs nutzbar ist. Zur Auswertung müssen die Meßdaten in der Regel in kartesische Daten

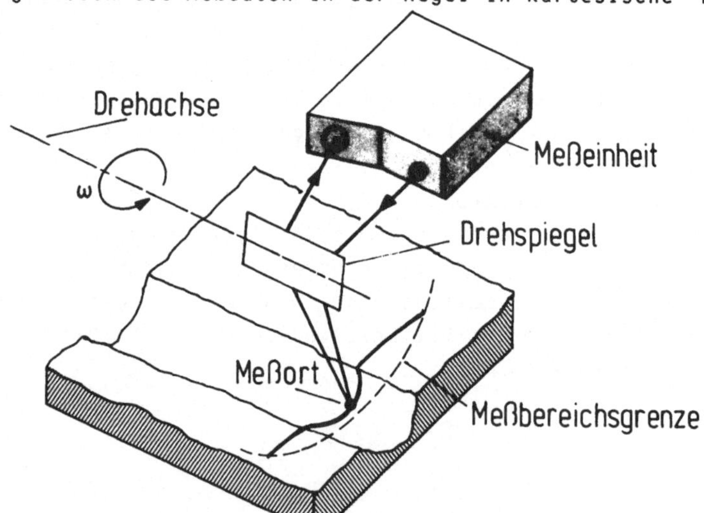

Bild 4.10: Abtastende Triangulationsmeßeinheit mit rotierendem Ablenker (Drehspiegel)

umgerechnet werden. Hierzu ist zusätzlicher Rechenaufwand notwendig.

Ein weiteres Merkmal des skizzierten Ablenkprinzips ist die Anordnung des Ablenkers zwischen Meßeinheit und Meßobjekt. Dadurch verringert sich zwangsläufig der freie Abstand zum Meßobjekt. Bei Meßeinheiten mit kleinem Meßabstand (vergl. Kap. 3.2) führt dies zu einem deutlich erhöhten Kollisionsrisiko beim roboterunterstützten Abtasten von Oberflächen. Deshalb wird in Kap.5.3 und Kap.5.4 eine modifizierte konstruktive Lösung eingesetzt (Reihenfolge von Meßeinheit und Drehachse vertauscht) und ein ungünstigeres Trägheitsmoment akzeptiert.

Das vorgestellte Prinzip eines rotierenden Ablenkers deckt einen Teil der gestellten Anforderungen ab. Eine Erweiterung zu einer zweidimensionalen Ablenkeinheit (Anforderung aus Kap.3.2) führt zwangsläufig zu einem Aufbau mit zahlreichen beweglichen Teilen (--> Lagerprobleme) und deutlich verlängerten Lichtwegen. Dies erfordert bei einem Halbleiterlaser eine aufwendigere Korrekturoptik. Durch die erhöhte Komponentenanzahl wird die Gesamtanordnung großvolumig, aufwendig, justierempfindlich und ist aus diesem Grund für den vorgesehenen Einsatzfall ungeeignet.

4.3.4 Bewertung und Vergleich der verschiedenen Ablenkprinzipien

Unterschiedliche Methoden, den von einer Meßeinheit ausgehenden Lichtstrahl abzulenken, wurden erläutert. Diese Darstellung kann nicht vollständig sein, da die Anzahl der Kombinations- und Variationsmöglichkeiten von Ablenkeinrichtungen nahezu unbegrenzt ist. Die vorgestellten Prinzipien sind zur besseren Übersicht mit ihren wesentlichen Merkmalen in der Tabelle 4.1 gegenübergestellt. Die angeführten Zahlenwerte sind nicht als absolute Grenzwerte zu sehen. Durch einen erhöhten Aufwand sind sie in Grenzen zu verbessern.

Sowohl die hohe Dynamik als auch das Fehlen mechanisch bewegter Teile sind die Vorzüge akustooptischer Ablenker. Wesentlich ist jedoch, daß die derzeit erhältlichen akustooptischen Deflektoren aus optischen Einkristallen bestehen, die durch Erschütterungen und Stöße zerstört werden /32/. Daher sind sie als Bauelemente in der Hand eines Roboters ungeeignet. Der Vorteil einer elektrooptischen Lichtablenkung besteht in der erreichbaren Geschwindigkeit bei wählbarer Strahlrichtung sowie in der Verschleißfreiheit. Da an den Handachsen eines Roboters nur Platz für wenige Ablenkstufen ist (siehe Kap. 2.3 und Kap. 3.2), steht der notwendige technische Aufwand zur Ansteuerung der Kerrzellen (Ansteuerspannung: 2 ... 10 kV) und die notwendige Präzision des Aufbaus in keinem vertretbaren Verhältnis zur Anzahl der erreichbaren Ablenkrichtungen (vergl. Kap. 4.3.2).

Ein großes Problem beim Einsatz von Resonanzschwingern und Galvanoablenkern besteht darin, die Lagerung des Rotors samt Spiegel reibungsarm, verschleißfrei und zugleich robust und stoßresistent zu gestalten. Noch schwieriger wird diese Aufgabe durch die Tatsache, daß die Roboterhand eine beliebige Orientierung im Raum annehmen kann. Trotz veränderter Lagerkräfte darf daraus keine wesentliche Beeinflussung des Ablenkverhaltens entstehen. Abgesehen von diesem Problem ist nach den festgelegten Anforderungen die Dynamik dieser Ablenker angesichts des erforderlichen Ablenkbereichs nicht ausreichend (/28/, Kap. 3).

Im Vergleich hierzu erweist sich die Positioniergeschwindigkeit von Piezoelementen als unproblematisch (5...200µs). Ihr Hub ist jedoch sehr klein (0...100µm), so daß derartige Stellglieder zwar für Feinjustieraufgaben bestens geeignet sind, aber der für diese Anwendung erforderliche Ablenkwinkel bei weitem nicht zu realisieren ist (vergl. Kap. 3.2). Rotierende Ablenker tasten einen fest vorgegebenen Abtastbe-

Verfahren	Ablenkwinkel	Schaltzeiten	Art der Ablenkung	Aufwand	Bewertung
Akustooptisches Verfahren	$\pm 0,5^0$	0,5...10µs	analog steuerb. Ablenkung	Hochfrequenzansteuerung bis 200 MHz notwendig	Braggzellen sind stoß- und erschütterungsempfindlich
Elektooptisches Verfahren	$0 \ldots \pm 6'$	200...700ns	Ablenkung in 2 Richtungen pro Ablenkstufe		zu großer Raumbedarf
Torsionsstab	$\pm 1^0 \ldots \pm 5^0$	50µs...2,5ms	periodische Ablenkung (Sinus)	exakte Lagerung der Schwingachse	Dynamik nicht ausreichend
Torsionsband	$\pm 1^0 \ldots \pm 15^0$	1...100ms			
Galvanospiegel mit Planspiegel	$\pm 1^0 \ldots \pm 15^0$	0,5µs...8ms	analog steuerb. Ablenkung	exakte Lagerung der Rotorachse beeinflußt Genauigkeit und Lebensdauer	Dynamik nicht ausreichend
Piezoablenker	$0 \ldots \pm 0.2^0$	µs - Bereich	analog steuerb. Ablenkung	Steuerspg. bis 1000V exakte Spiegellagerung	Ablenkbereich zu gering
Rotierende Drehspiegel, Polygonprismen	$0^0 \ldots 180^0$		periodisches Abtasten (Sägezahn)	exakte Lagerung der Drehachse beeinflußt Genauigkeit und Lebensdauer	für eindimensionales Abtasten prinzipiell geeignet
Opt. Abbildung mit mehreren Meßeinheiten		IR-Laserdiode 1µs	zeitlich getaktete Beleuchtung	gering	
Anforderungen	$\pm 7^0 \ldots \pm 17^0$	2ms			

Tabelle 4.1: Gegenüberstellung unterschiedlicher Lichtablenkmöglichkeiten

reich zyklisch ab. können aber nur durch konstruktive Maßnahmen hinsichtlich Meß- und Ablenkbereich verändert werden.

Die Gegenüberstellung der verschiedenen Ablenkvarianten in Tabelle 4.1 zeigt, daß kein Verfahren die gestellten Anforderungen hinsichtlich Dynamik und Ablenkbereich umfassend erfüllt. In den nachfolgenden Untersuchungen wird daher verdeutlicht, daß ein Großteil der anstehenden Meßaufgaben (Abstand, Orientierung) durch wenige anwendungsspezifische starre Anordnungen lösbar ist. Die zugeschnittenen Meßanordnungen bestehen jeweils aus mehreren einzelnen Triangulationsmeßeinheiten. Als Vorteil derartiger Anordnungen ist die Vermeidung all der Meßfehler zu sehen, die durch Positionierungenauigkeiten der Lichtstrahlen entstehen. Obwohl eine starre Meßanordnung erhebliche Nachteile hat (unflexibel, Meßort nicht kontinuierlich veränderbar, ...), werden mit dieser Lösung die in Kap.3 gestellten Anforderungen und Vorgaben erfüllt.

Darüber hinaus existieren auch komplexere Meßaufgaben (z.B. Profilmesssung -->Kap.5.3) die sich aus vielen Einzelmessungen zusammensetzen und eine Scanbewegung der gesamten Meßanordnung erfordern. Die Daten dieser Messungen werden für Bahnplanungsaufgaben (--> Nahtverfolgung, Kap.5.3.3) und zur Qualitäts- und Bearbeitungskontrolle (Kap.5.3.4) genutzt. Da ihre Information ein höheres Informationsniveau darstellt, kann die Verarbeitung innerhalb der Robotersteuerung in einen weniger zeitkritischen Bereich (Bahnplanung) verlagert werden. Daher sind Zykluszeiten von 50ms für diese Aufgaben vertretbar.

Im Rahmen des zurückliegenden Kapitels wurde die Eignung unterschiedlicher Meßverfahren und Ablenkeinheiten unter Berücksichtigung einsatzbedingter Randbedingungen untersucht. Die Vor- und Nachteile der unterschiedlichen Verfahren wurden gegenübergestellt und ein geeignetes Meßverfahren ausgewählt. Gegenstand der nachfolgenden Überlegungen ist es, die anstehenden Meßaufgaben mit entsprechenden Randbedingungen zu verdeutlichen und geeignete Lösungswege aufzuzeigen.

5 Meßaufgaben und Lösungswege

Die wesentlichen Aufgaben eines Robotersensorsystems bestehen darin,

- fertigungsbedingte Maßabweichungen zu erkennen,
- durch Korrektur der programmierten Bewegungsbahn diese Fehler zu kompensieren und
- das Fertigungsergebnis zu kontrollieren.

Die meßtechnische Lösung dieser Aufgaben ist ein erster, wesentlicher Gesichtspunkt der Beurteilung. Sind die obigen Meß- und Prüfaufgaben on-line durchzuführen, so kommt als gleichwertiges Bewertungskriterium die ausgangsseitige Datenmenge des Sensorsystems hinzu. Diese Daten müssen in der nachgeschalteten Steuerung verarbeitet werden und erfordern Rechenzeit. Deshalb ist ein anwendungsspezifisches Optimum zwischen der für die Regelungsgüte benötigten Informationsmenge einerseits und der zur Verarbeitung der Daten erforderlichen Rechenzeit in der Steuerung andererseits anzustreben /33/. Schon bei der einmaligen Auswertung einer eindimensionalen CCPD-Zeile (CCPD = Charge Coupled Photo Diode) fällt eine Datenmenge von 80 kbit an (Diodenzeile, 1728 Bildpunkte /33/). Ein großer Teil dieser Daten beinhaltet Informationen die zur Messung geometrischer Größen mit einem Roboter nicht benötigt werden (z.B. reflexionsabhängige Intensitätsverteilung).

Im Unterschied zu bekannten Sensorsystemen besteht ein wesentlicher Ansatzpunkt der vorliegenden Entwicklung darin, nur so viel wie nötig Meßdaten zu erfassen. Meßaufgabe, Meßkopfaufbau und -algorithmen marktgängiger Systeme sind vom Anwender meist nicht ausreichend an unterschiedliche Einsatzfälle und Meßaufgaben anpaßbar /2/. Sie bieten nicht die notwendige Flexibilität, um Anzahl und Art der Meßdaten anzupassen.

Wird der Meßkopf eines Sensorsystems von einem Roboter über eine Werkstückoberfläche geführt, dann bestehen häufig geforderte Aufgaben darin:

- den Roboter auf einer durch Anfangs- und Endpunkt festgelegten Bahn in konstantem Abstand zur Oberfläche zu führen. Dadurch werden die Toleranzen von Roboter und Werkstück kompensiert.

- Eine Oberfläche hinsichtlich Abstand und Orientierung abzutasten, um beispielsweise eine Bearbeitung vorzubereiten (z.B.: Sealen, Klebeauftrag, Beschichten).

Wird die Sensorik zur Unterstützung von Bearbeitungsrobotern beim

- Schleifen,
- Schweißen,
- Sealen,
- Klebeauftrag oder
- Entgraten

eingesetzt, dann genügt es nicht eine bereits programmierte Bahn abzufahren und hinsichtlich Abstand und Orientierung zu korrigieren. In diesen Einsatzfällen muß meist der Verlauf einer Kante, Naht oder Sicke entlang der Oberfläche des vorliegenden Werkstücks gefunden werden /34/.

Die angeführten Sensoraufgaben sind auf folgende Meßaufgaben zurückzuführen:

- Abstandsmessung zur Werkstückoberfläche
  * zur Abstandsregelung
- Messung der Oberflächenorientierung
  * zur Orientierungsregelung

- Messen von Oberflächenprofilen im Bereich von Kanten, Nähten oder Sicken,
  * um den Nahtverlauf zu lokalisieren (Nahtverfolgung)
  * das Nahtprofil hinsichtlich Maßhaltigkeit zu prüfen (Qualitäts- oder Bearbeitungskontrolle)
  * bestimmte Bezugspunkte auf der Oberfläche zu identifizieren (Nahtanfangsfindung,....)

Im Gegensatz zu bekannten Sensorsystemen /2/ wird bei der vorliegenden Entwicklung nicht versucht, viele unterschiedliche Sensorikaufgaben mit einer einzigen Anordnung wirtschaftlich zu lösen. Die Konzepte der nachfolgenden Kapitel zeigen vielmehr, daß unterschiedliche Strategien und Anordnungen zur Lösung der verschiedenartigen Probleme notwendig sind. Sie verdeutlichen gleichzeitig die Art und Weise mit der die geforderte Anpassungsfähigkeit des entwickelten Sensorsystems erreicht wird. Darüberhinaus wird die Abhängigkeit von Meßaufgabe, Meßkopfaufbau und den zugehörigen Auswertealgorithmen im Sensorrechner aufgezeigt. Gemeinsames Ziel aller Konzepte ist es, eine Roboterbewegungsbahn auf einfache Weise an eine reale, meist von den Sollmaßen abweichende Werkstückgeometrie anzupassen.

5.1 Abstandsmessung

Eine Vielzahl vorhandener Bearbeitungsaufgaben (Schweißen, Kleben, Lackieren, Beschichten, usw.) erfordert eine Roboterführung in konstantem Abstand zur Werkstückoberfläche. Für diese Aufgabe wird an der Handachse des Roboters ein Meßkopf angebracht, der aus einer einzelnen Triangulationsmeßeinheit besteht. Beim Abfahren einer vorgegebenen Bahn wird periodisch (Bild 5.1), d.h. mindestens einmal pro Lageregeltakt der Robotersteuerung der Abstand zur Oberfläche gemessen und die Abweichung von einem gewählten Sollabstand nach der Beziehung

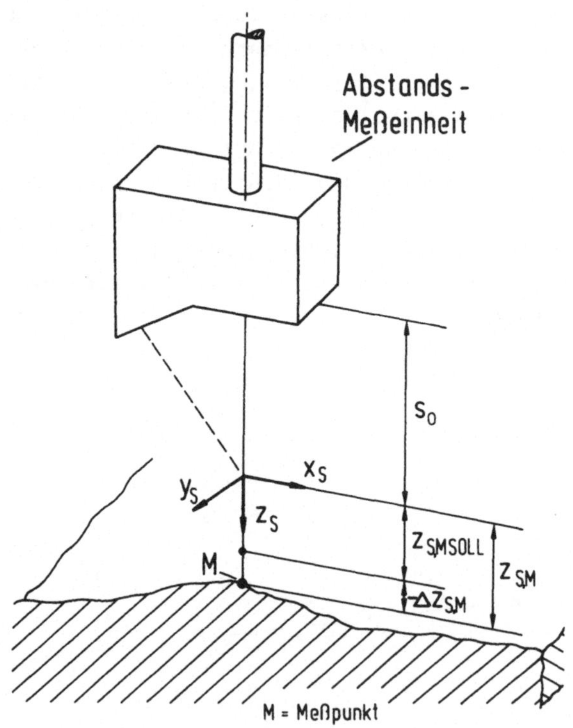

Bild 5.1: Roboterführung in konstantem Abstand zu einer Werkstückoberfläche

$$\Delta z_{S,M} = z_{S,MSOLL} - z_{S,M} \quad (5.1)$$

(verwendete Abkürzungen: S = Sensorkoordinaten, $z_{S,MSOLL}$ = Sollabstand des Meßpunktes M, $z_{S,M}$ = Istabstand des Meßpunktes M) berechnet. Der Korrekturwert wird an die Robotersteuerung zur Abstandsregelung weitergeleitet. Auf diese Weise wird ein vorhandenes Bewegungsprogramm punktweise an den Verlauf der tatsächlich vorhandenen Oberfläche angepaßt.

5.2 Orientierungsmessung

Um zusätzlich zum Abstand zur Meßgutoberfläche in jedem Meßzyklus auch deren Orientierung aus den Werten mehrerer Abstandsmeßwerte berechnen zu können, sind in einem Zyklus mindestens drei als Dreieck angeordnete Meßpunkte abzutasten. Bei der Verarbeitung dieser Meßwerte wird die vom Punktetripel gebildete Fläche als Ebene angenähert. Wird die Lage dieser Ebene durch die Koordinaten des Flächenmittelpunkts M und ihre Richtung durch die Flächennormale beschrieben, so sind fünf Freiheitsgrade festzulegen /35/. Drei Koordinaten (z.B. x_M, y_M, z_M) geben die Position an. Zwei Winkel (z.B. u_M, v_M) sind zur Definition der Orientierung notwendig.

Bei Verwendung von vier oder mehr Meßpunkten zur Lage- und Orientierungsbestimmung eines ebenen Flächensegments, ergibt sich eine Redundanz, die für zusätzliche Aufgaben nutzbar ist (z.B. Plausibilitätskontrolle der Meßwerte oder zusätzliche Meßaufgaben; Kap. 5.4). Aus Redundanzgründen wird bei den weiteren Überlegungen auf eine Meßanordnung zurückgegriffen, die aus vier quadratisch angeordneten Triangulationsmeßeinheiten im Abstand Δh (Bild 5.2) besteht.

Lage und Neigung des abgetasteten quadratischen Flächenelementes, des Meßquadrats, werden im einfachsten Fall mit den folgenden Gleichungen berechnet, bzw. sind durch das Bezugssystem festgelegt:

$$x_{S,M} = y_{S,M} = 0$$

$$z_{S,M} = \frac{z_{S1} + z_{S3}}{2} = \frac{z_{S2} + z_{S4}}{2}$$

$$u_{S,M} = \text{arc tan} \frac{z_{S1} - z_{S3}}{d} \qquad (5.2)$$

$$v_{S,M} = \text{arc tan} \frac{z_{S2} - z_{S4}}{d}$$

(Abk.: Meßquadratdiagonale $d = \sqrt{2}\,\Delta h$, S = Sensorkoordinaten).

Diese Daten werden nach jedem Meßzyklus an die Robotersteuerung übergeben. Dort werden sie zur Korrektur der vorgegebenen Bewegungsbahn hinsichtlich Position und Orientierung verwendet /1/.

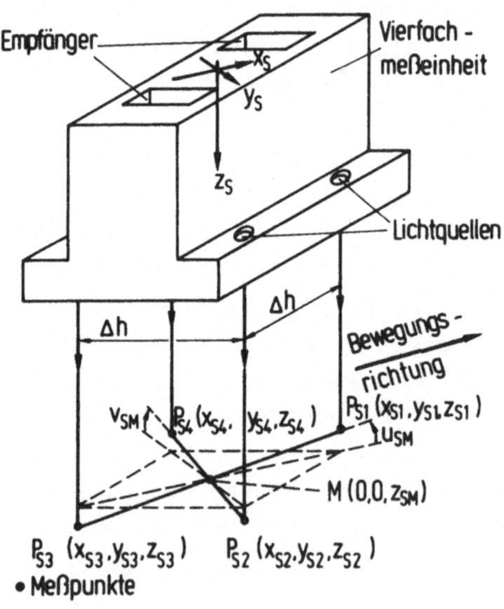

Bild 5.2: Vierstrahlmeßanordnung

5.2.1 Systembedingter Meßfehler bei der Orientierungsmessung

Um den Abstand zu einer Oberfläche und deren Neigung exakt zu bestimmen, ist eine punktuell messende, unendlich schnelle und zeitkontinuierlich arbeitende Meßeinheit erforderlich. Mit einer realen Meßanordnung wird der Abstand zur Oberfläche aber periodisch, mit einer endlichen Taktzeit oder in einem festen Stützpunktabstand gemessen. Bei der Bestimmung der Neigung einer Oberfläche haben die einzelnen Meßpunkte einen nicht vernachlässigbaren seitlichen Versatz (Bild 5.2). Als Folge können nur ebene Teile und ebene Flächen exakt erfaßt werden.

Ist die zu messende Werkstückoberfläche jedoch gewölbt bzw. weist sie Knicke innerhalb der Meßfläche (hier: Meßquadrat) auf, so weicht der berechnete vom tatsächlichen Oberflächenverlauf ab. Der entstehende Meßfehler soll beispielhaft für eine Messung bei Verwendung der in Bild 5.2 skizzierten Anordung hergeleitet werden.

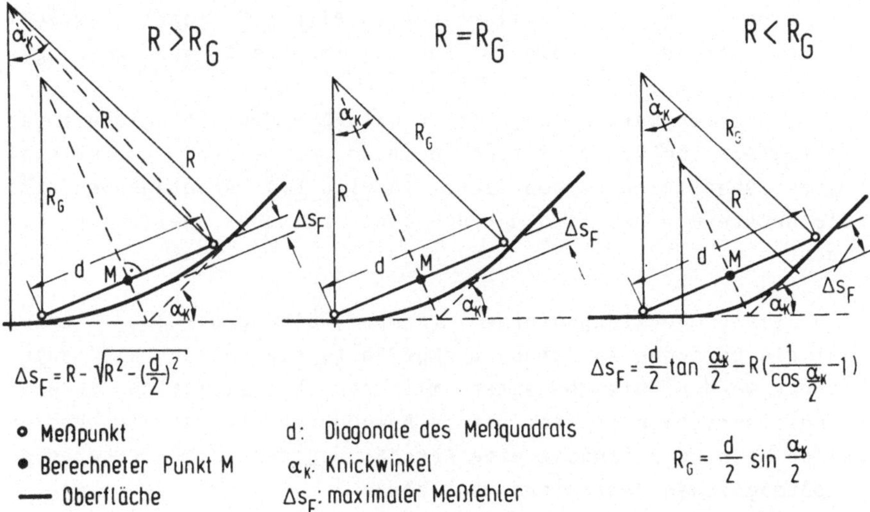

Bild 5.3: Seitenansicht beim Messen von Oberflächenwölbungen mit unterschiedlichen Radien

Nach Bild 5.3 ergibt sich die größtmögliche Abweichung bei einer Bewegung des Meßkopfes in Richtung der Diagonalen des Meßquadrats über eine quer zur Bewegungsrichtung verlaufende Wölbung. Der Wert der Abweichung ist vom Knickwinkel α_K der Oberfläche, dem Radius R der Oberflächenwölbung und der Länge der Diagonalen des Meßquadrats abhängig. Die Bedeutung dieser Parameter ist in Bild 5.3 veranschaulicht. Zur Berechnung der größtmöglichen Abweichung Δs_F ist zu prüfen, ob alle Meßpunkte des Meßquadrats gleichzeitig auf der Wölbung Platz finden. Dies wird mit dem Hilfswert R_G ermittelt. Er berechnet sich nach der Gleichung:

$$R_G = \frac{d}{2} \sin \frac{\alpha_K}{2} \qquad (5.3)$$

Ist der Radius der Wölbung $R > R_G$, so liegt der in Bild 5.3 links skizzierte Fall vor (alle Meßpunkte innerhalb der Wölbung).

Ist hingegen $R < R_G$, so liegt der in Bild 5.3 rechts skizzierte Fall vor (nicht alle Meßpunkte innerhalb der Wölbung).

In normierter Darstellung ist in Bild 5.4 die Abhängigkeit des Meßfehlers vom Radius R einer Wölbung, sowie vom Knickwinkel α_K der Oberfläche verdeutlicht. In Bild 5.4 hervorgehoben ist die Grenze $R = R_G$, also der Übergang zwischen beiden Bereichen.

Sehr viele Oberflächenformen (Rampen,Wölbungen, ...) können auf die berechneten Formen rückgeführt, bzw. durch sie angenähert werden. Dies bedeutet, mit den hergeleiteten Berechnungsalgorithmen ist bei vielen Anwendungen schon vor Beginn einer Messung zumindest eine Abschätzung des sich ergebenden größtmöglichen Meßfehlers möglich.

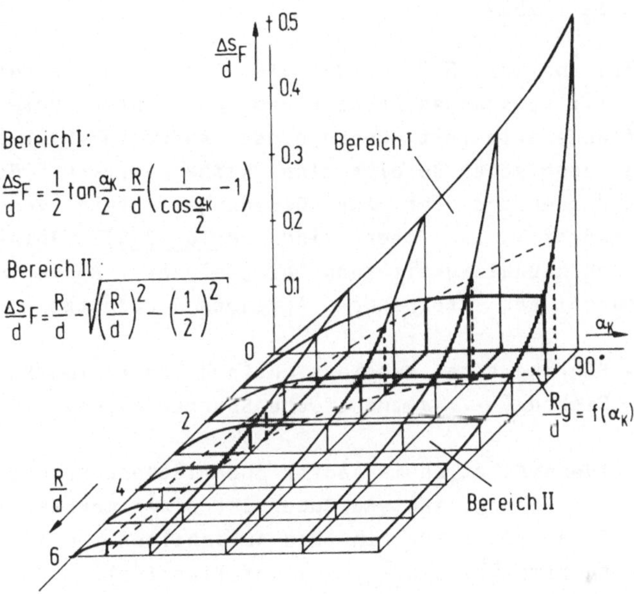

Bild 5.4: Maximal möglicher Meßfehler beim Messen einer Kante oder Wölbung mit der Meßquadratanordnung

5.3 Profilmessung

In Kap. 5.1 und Kap. 5.2 wurde die Ermittlung einer Bewegungsbahn mit konstantem Abstand und konstanter Orientierung zur Oberfläche erläutert. Neben diesen Aufgaben existieren im fertigungstechnischen Bereich eine Reihe weiterer Probleme, die durch Messen des quer zur Bewegungsrichtung vorhandenen Oberflächenprofils zu lösen sind (Bild 5.5). Seine Lage, Richtung und Maßhaltigkeit kann bei geeigneter Auswertung und Aufbereitung für folgende Aufgaben genutzt werden:

- Führung eines Roboters entlang von Kanten Nähten und Sicken (---> automatische Spurverfolgung).

- Identifikation markanter Oberflächenbereiche wie Nahtanfang, Nahtende oder Ort einer markanten Profiländerung für Ein- und Ausschalten von Bearbeitungswerkzeugen (---> Identifikation).

- Kontrolle der Maßhaltigkeit eines Profils (---> Qualitätskontrolle, Bearbeitungskontrolle)

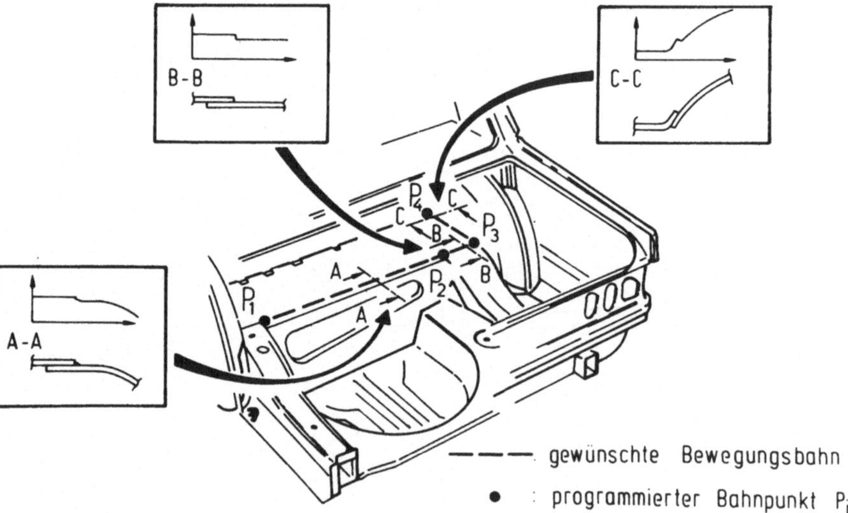

Bild 5.5: Querschnittsprofile als werkstückfeste Bezugspunkte

Die markanten Querschnittsprofile in Bild 5.5 (Schnittbilder A-A, B-B, C-C) veranschaulichen beispielhaft die angesprochene Informationsfülle bezüglich Position, Abstand und Form der Oberflächenprofile am Meßort.

Um bei dieser Meßaufgabe auf Pendelbewegungen des Roboters binormal zur vorgegebenen Bahn verzichten zu können, muß in den Sensormeßkopf eine Bewegungseinheit integriert werden. Dadurch wird eine dynamische und kinematische Entkopplung von Roboter- und Sensorsystem erreicht. Sie ist unbedingt erforderlich, wenn gleichzeitig mit der Messung eine Bearbeitung durchzuführen ist.

Beispielhaft ist in Bild 5.6 eine geeignete Meßanordnung dar-

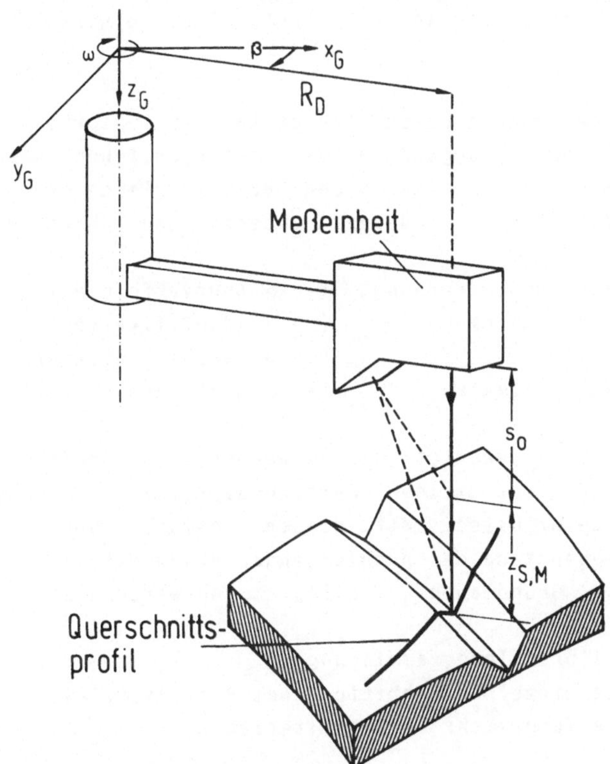

Bild 5.6: Meßkopf mit Drehachse

gestellt. Bei Betätigung der integrierten Antriebskomponenten wird die Meßeinheit auf einem Kreissegment mit dem Radius R_D bewegt. Dabei wird zyklisch (1ms..2ms) die Entfernung zur Oberfläche gemessen. Gleichzeitig wird die Position der Drehachse eingelesen und aus diesen Daten durch Verbindung der einzelnen Meßpunkte (Polygonzug) eine Querschnittsprofilkurve gebildet.

Dieses sogenannte Istprofil ist bei allen genannten Anwendungsaufgaben (Spurverfolgung, Identifikation, Qualitäts- und Bearbeitungskontrolle) auszuwerten. Zunächst wurde angestrebt, die gemessenen Profile mit wenigen klassifizierten Nahttypen (z.B. V-Naht, I-Naht, Überlappnaht) zu vergleichen. Die nahezu unbegrenzte Variantenvielfalt macht eine Klassifizierung jedoch sehr aufwendig und wenig ergiebig. Deshalb wurde hierauf verzichtet.

Vielmehr wurden Möglichkeiten erarbeitet dem Sensorrechner auf unterschiedlichen Lösungswegen die erforderlichen Referenzprofile (= Sollprofile) einzugeben. Beim Vergleich von Soll- und Istprofil werden deren Unterschiede hinsichtlich:

- Lage und Entfernung (---> Spurverfolgung)
- Übereinstimmung (---> Identifikation)
  (---> Bearbeitungskontrolle)
- Maßhaltigkeit (---> Qualitätskontrolle)

untersucht und ausgewertet. Daraus werden steuerungstechnische Maßnahmen abgeleitet um den Fertigungsprozeß in geeigneter Weise zu beeinflussen. Mit dieser Thematik befaßt sich Kap.5.3.4. Gegenstand der nachfolgenden Abschnitte ist es, die gemeinsamen Grundlagen aller Auswertungen, also

- Sollprofilprogrammierung
- die einzelnen Schritte eines Profilvergleichs und
- die Vergleichsabbruchkriterien

zu erarbeiten.

5.3.1 Programmierung von Sollprofilen

Die unterschiedlichen Lösungsvarianten ein Sollprofil zu erstellen verdeutlicht Bild 5.7. Dies sind:

- Programmierung einfacher Profilformen (z.B. Kante, Nut, V-Naht, usw.) durch wenige Abstands-/Positionsdaten.

- Generierung von Querschnittsprofilkoordinaten aus dem vorhandenen Datensatz eines CAD-Systems.

- Messung im Teach-Betrieb am Werkstück.

Während die beiden ersten Varianten werkstattfern zu realisieren sind, wird bei der letztgenannten Programmierart der Roboter mit Sensormeßkopf im Profilmeßbereich eines Musterwerkstücks positioniert.

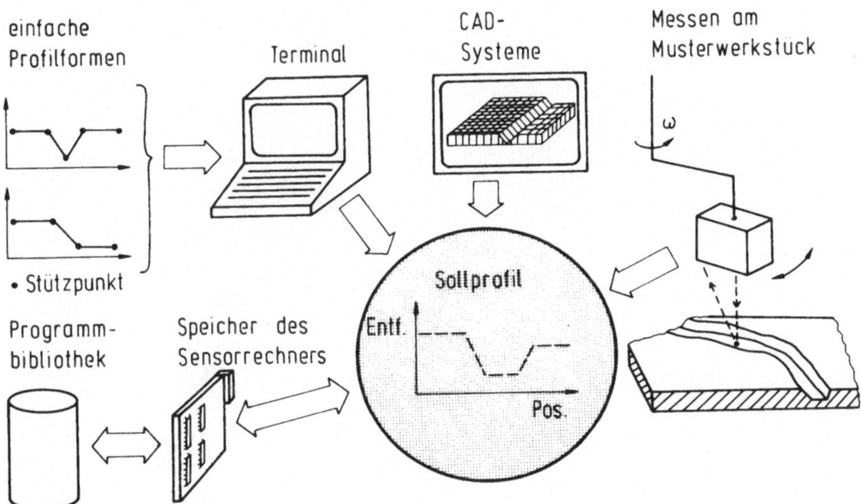

Bild 5.7: Varianten der Sollprofilerstellung

Bei diesem Verfahren wird mit Hilfe der integrierten Drehachse des Meßkopfs (siehe auch Kap. 7.2) der Abstand zur Oberfläche im gesamten Verfahrbereich ermittelt. Beim vorhandenen Meßkopf wird die Meßeinheit auf einer horizontalen Kreisbahn mit Radius R_D = 25mm bewegt. Bild 5.8a zeigt beispielhaft die Positions-Entfernungskurve einer V-Naht, wobei die Bahn der Drehachse (Winkel ß) in 2000 Inkremente pro Umdrehung aufgeteilt wird.

Auf Grund des Abbildungsmaßstabs ist aus dieser Kurve nur die ungefähre Position der Naht abzulesen. Deshalb wird die Meßkurve im interessierenden Bereich (Bild 5.8.a --> strichliert gekennzeichnet) mit einer im Sensorrechner integrierten Zoom-

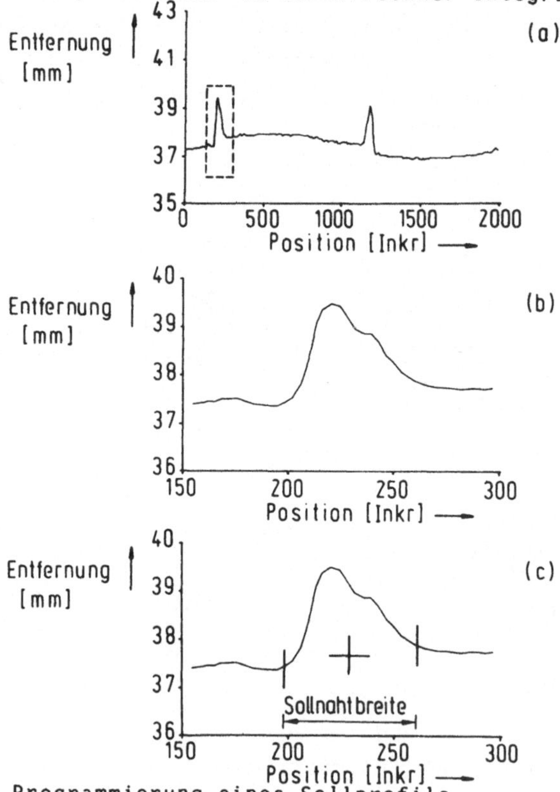

Bild 5.8: Programmierung eines Sollprofils

funktion stark vergrößert (Bild 5.8b). Zur Definition des Sollprofils wird dieser Ausschnitt schrittweise nochmals gezeichnet (Bild 5.8c), wobei der Bediener die linke und rechte Begrenzung sowie einen dazwischenliegenden Nahtpunkt (z.B. Nahtmitte) festlegt. Dieser Zwischenpunkt wird als die Position der Naht definiert (in Bild 5.8c als Kreuz gekennzeichnet). Zur Kontrolle werden die markanten Punkte grafisch sichtbar gemacht.

Nach Erstellen des Sollprofils in einer der beschriebenen Weisen, wird es punktweise als Datei im Sensorrechner oder zu Dokumentationszwecken in einem externen Speicher hinterlegt (Bild 5.7). Dadurch ist die Voraussetzung zum Aufbau einer Profilbibliothek gegeben. Diese Archivierung ist sinnvoll, da:

- ein vorhandenes Sollprofil an einzelnen Stützstellen modifiziert,

- eine Profilkurve in mehrere Einzelprofile aufgespalten oder

- ein Profil aus mehreren Profilen zusammengesetzt

werden kann. Durch Variation und Kombination vorhandener Sollprofilkurven ist es also möglich, eine nahezu unbegrenzte Anzahl weiterer Kurvenformen zu schaffen.

Nach Darstellung der möglichen Varianten zur Erstellung einer Referenzprofilkurve, wird nachfolgend die Durchführung des Soll-Istprofil-Vergleichs verdeutlicht.

5.3.2 Profilvergleichsdurchführung

Die Aufgabe des Profilvergleichs wird in die Teilaufgaben

- Profilanfangsfindung und
- Profilvergleichsalgorithmus

gegliedert.

5.3.2.1 Profilanfangsfindung

Ein markantes Profil ist dadurch auffindbar, daß es sich durch eine Erhebung, Senkung oder durch eine Krümmung im Kurvenverlauf von der Umgebung unterscheidet. Deshalb wird zu Beginn einer Messung mit den ersten verfügbaren Meßwerten (minimal drei) eine Ausgleichsgerade gebildet. Es wird kontrolliert, ob die nachfolgenden Meßwerte erheblich von einem Geradenverlauf abweichen.

Aus den ersten gemessenen Punkten P_i $(i = 1,..,n)$ mit den jeweiligen Komponenten $(Pos_i, Entf_i)$ wird eine Gerade von der Form

$$Entf_A = m \; Pos + c \qquad (5.4)$$

(Abkürzungen: m = Steigung, c = Ordinatenwert an der Stelle Pos = 0) gebildet. Der Verlauf dieser Geraden zwischen den Meßpunkten ist durch eine kleinstmögliche Abweichung gekennzeichnet (Bild 5.9). Dabei wird von der Voraussetzung ausgegangen, daß die Positionswerte Pos_i exakt, die Entfernungswerte $Entf_i$ dagegen fehlerbehaftet sind (Meßunsicherheiten auf Grund des ungleichmäßigen Oberflächenreflexionsverhaltens). Mit der Methode der kleinsten Fehlerquadrate /36/:

$$F(m,c) = \sum_{i=1}^{n} (m \; Pos_i + c - Entf_i)^2 \; \text{--->} \; \text{Minimum} \qquad (5.5)$$

und den notwendigen Bedingungen

$$\frac{\delta F}{\delta m} = 0 \qquad (5.6) \qquad\qquad \frac{\delta F}{\delta c} = 0 \qquad (5.7)$$

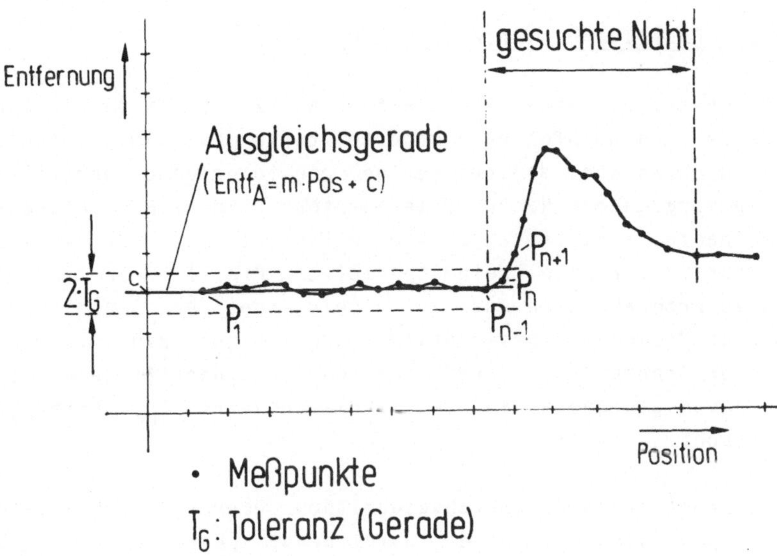

Bild 5.9: Beispiel einer Ausgleichsgeraden

werden die Geradenparameter m und c berechnet. Eingesetzt in Gl. 5.4 ergibt sich die Abweichung des nächsten Meßpunkts (P_{n+1}) von der Geraden mit der Gleichung

$$Entf_{Abw} = | \; Entf_A(Pos_{n+1}) - Entf_{n+1} \; | \qquad (5.8)$$

Ist der Wert $Entf_{Abw}$ kleiner als ein vom Anwender gewählter Toleranzwert (T_G), so wird mit P_{n+1} die Ausgleichsgerade verbessert.

Ist er hingegen größer als T_G, so bedeutet dies, daß P_{n+1} auf dem Nahtprofil liegt. Die Ausgleichgeradenberechnung wird dann abgebrochen und der profilvergleichende Algorithmus aktiviert.

5.3.2.2 Profilvergleichsalgorithmus

Im Gegensatz zu bekannten Verfahren /2/ besitzt die entwickelte und nachfolgend vorgestellte Vergleichsmethode nicht die Einschränkung, daß nur wenige, eng tolerierte, herstellerseitig vorgegebene Nahtprofile abrufbar sind (z.B. Kehlnähte, Stumpfnähte, I-Nähte,...). Wie erläutert ist der Anwender vielmehr in der Lage, seine speziellen Profilformen maßstäblich zu programmieren und zu archivieren. Die Problematik, daß sich die Form eines Profils längs einer Bahn innerhalb gewisser Grenzen ändert und dennoch zu identifizieren ist, wird durch geeignete Wahl der Vergleichswerte (T_P, $Entf_{MDIFF}$) beherrscht.

Der erarbeitetete Vergleichsalgorithmus überprüft, ob zwischen Soll- und Istprofil eine ausreichende Übereinstimmung besteht. Da beide Profilkurven unabhängig von einander programmiert bzw. gemessen wurden, haben vergleichbare Punkte beider Profile im Normalfall unterschiedliche Entfernungs- und Positionskoordinaten (Bild 5.10). Um sie dennoch vergleichbar zu machen, wird das Sollprofil rechnerisch mit Hilfe eines Verschiebevektors ($\underline{v}_{VE}$) verschoben. Dann wird mit einem einfachen schnellen Vergleichskriterium die Übereinstimmung beider Kurven überprüft. Kann hierdurch keine Klärung erzielt werden, so wird mit einem verfeinerten Algorithmus die Entscheidungsgrundlage verbessert. Nachfolgend werden die Einzelschritte dieser Vorgehensweise beschrieben.

Bei einem ersten Vergleich wird der Startpunkt des Sollprofils (P_{SP1}) mit dem Startwert des Istprofils P_{n+1} zur Übereinstimmung gebracht. Folglich berechnet sich $\underline{v}_{VE}$ mit:

$$\begin{aligned} Pos_{VE} &= Pos_{SP1} - Pos_{n+1} \\ Entf_{VE} &= Entf_{SP1} - Entf_{n+1} \end{aligned} \tag{5.9}$$

Die Positionskoordinaten der weiteren Punkte beider Profile stimmen als Folge unterschiedlicher Stützpunktabstände meistens nicht übereins. Deshalb wird aus dem Sollprofil eine stetige Funktion geschaffen, indem die Stützpunkte des Sollprofils durch Polygonzüge verbunden werden (Bild 5.10). An jedem weiteren Meßpunkt des Istprofils ($P_{n+2},..,P_{n+k}$) wird nun mit dem Kriterium

$$Entf_{DIFF,i} = | \; Entf_{Pi} + Entf_{VE} - Entf_{SP}(Pos_{Pi}) \; | < T_P \qquad (5.10)$$

(mit i = n+2,..,n+k)
überprüft und kontrolliert ob der Abstand zum Funktionswert des Sollprofils kleiner als die Profiltoleranz T_P ist (T_P ist vom Anwender wählbar). Nach Überprüfung aller Meßpunkte wird

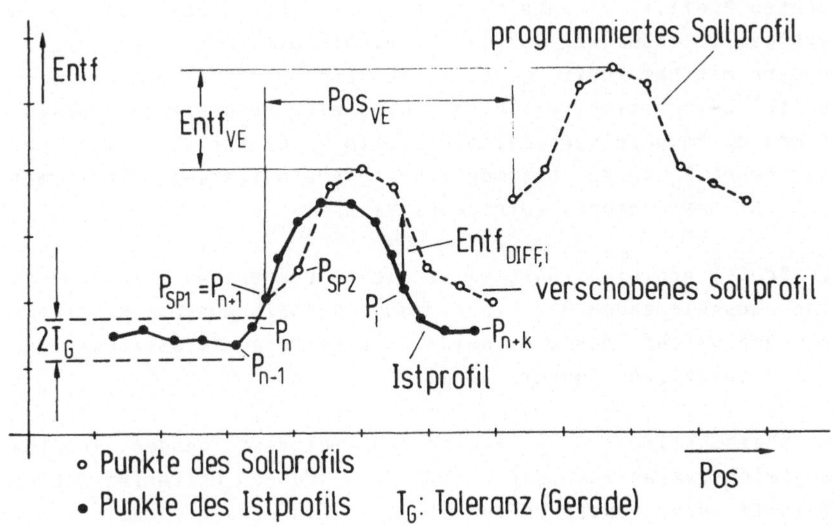

Bild 5.10: Vergleich von Soll- und Istprofil

der Übereinstimmungsquotient ü berechnet. Er wird aus der Anzahl der gemessenen Istpunkte innerhalb des Toleranzbereichs im Verhältnis zur Anzahl aller Vergleichspunkte gebildet.

Ist dieser Wert kleiner als die vom Anwender geforderte Mindestübereinstimmung ($ü_{MIN}$), dann weisen beide Kurven so erhebliche Abweichungen auf, daß weitere Vergleiche nicht sinnvoll sind.

Ist jedoch $ü > ü_{MIN}$, so haben beide Kurven die geforderte Mindestübereinstimmung. In weiteren Vergleichen ist zu untersuchen, in wieweit durch Variation von $\underline{v}_{VE}$ noch eine Verbesserung der Übereinstimmung zu erzielen ist.

Wie Bild 5.9 zeigt, wird der Profilanfang prinzipbedingt zu spät erkannt. Der Punkt P_{n+1} ist nicht der Startpunkt der Profilkurve, sondern liegt bereits weit innerhalb des gesuchten Profils. Deshalb wird das Prüfergebnis von Gl. 5.10 verbessert, indem der Vergleich nicht mit dem Punkt P_{n+1}, sondern mit dem Punkt P_n gestartet wird. Dadurch ergibt sich bereits beim ersten Vergleichszyklus eine verbesserte Übereinstimmung. Im gezeigten Beispiel (Bild 5.10) hat aber auch der Startpunkt P_n keine bestmögliche Übereinstimmung. Erst mit P_{n-1} ist das Ergebnis zufriedenstellend.

Der Profilvergleich führt meist nicht beim ersten Durchgang zu einer ausreichenden Übereinstimmung. Deshalb muß ein Kriterium gefunden werden, das entscheidet, ob weitere Vergleichs- und Verschiebezyklen sinnvoll sind.

Der Übereinstimmgrad ü zweier aufeinanderfolgender Profilvergleichszyklen ist dafür ein zu grobes Kriterium. Eine Klassifizierung entsprechend Gl. 5.10 (innerhalb bzw. außerhalb des Toleranzbereichs T_p) ist folglich nicht ausreichend.

Ein wesentich leistungsfähigeres Beurteilungkriterium stellt die mittlere Entfernungsabweichung dar, die auf Gl. 5.10 aufbaut und nach der Beziehung:

$$Entf_{MDIFF} = \frac{\sum_{i=k}^{l} Entf_{DIFF,i}}{l - k} \qquad (5.11)$$

(Indices: k = erster Vergleichspunkt; l = letzter Vergleichspunkt) berechnet wird.

Nach jedem Verschiebe- und Vergleichszyklus wird diese Berechnung wiederholt, bis sich hierdurch keine Verbesserung der mittleren Entfernungsabweichung mehr erzielen läßt. Bild 5.11 veranschaulicht den beschriebenen Sachverhalt, wobei die schraffierten Flächen die Abweichungen kennzeichnen.

Da eine genaue Messung des Querschnittprofils gewünscht wird, ist die Annahme zulässig, daß die Positionsdifferenz zwischen zwei Meßpunkten in der Praxis nur wenige Inkremente beträgt. Deshalb erfolgt beim realisierten Verfahren pro Zyklus eine Verschiebung um jeweils einen Meßpunkt. Erfahrungsgemäß sind selten mehr als zwei Verschiebezyklen notwendig. Die Verschiebung in kleineren oder größeren Schritten ist prinzipiell möglich, hat jedoch erheblichen Einfluß auf die erforderliche Verarbeitungszeit.

Wurde beim Vergleich Soll/Istnaht eine befriedigende Übereinstimmung erzielt, wird der Sensor auf seiner Kreisbahn unmittelbar abgebremst und in entgegengesetzter Richtung zum nächsten Vergleichszyklus gestartet.

Eine reale Naht oder eine Sicke (Istprofil) weist in ihrem räumlichen Verlauf Schwankungen hinsichtlich Form und Neigung auf. Dieses Problem ist durch geeignete Wahl der maximal zulässigen mittleren Entfernungsabweichung ($Entf_{MDIFF,MAX}$) zu beherrschen. Beim zyklischen Abtasten eines Profils längs der Bewegungsbahn beeinflussen die obigen Einflüsse nur den mini-

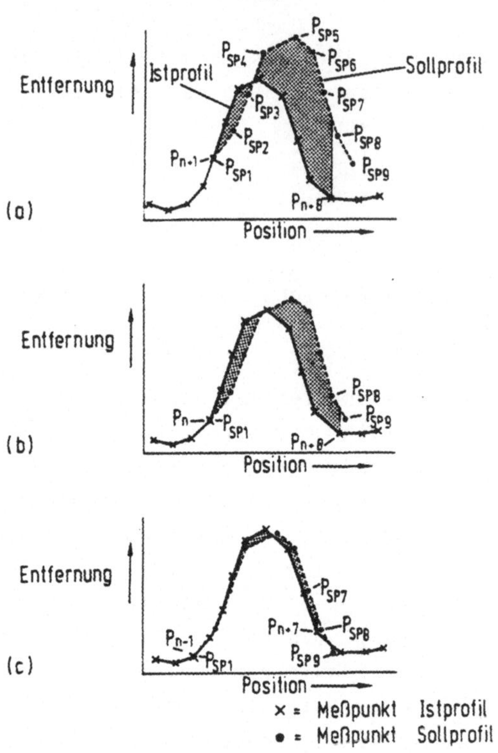

Bild 5.11: Minimierung der mittleren Profilabweichung

malen Wert der berechneten mittleren Entfernungsabweichung. Befinden sich im Suchbereich des Sensormeßkopfes nicht mehrere nahezu gleichartige Profile, dann kann der Anwender den Grenzwert $Entf_{MDIFF,MAX}$ deutlich erhöhen, ohne die Zuverlässigkeit und Funktionsfähigkeit des Vergleichsalgorithmus zu beeinträchtigen. Um den Anwender bei der Festlegung von $Entf_{MDIFF,MAX}$ zu unterstützen werden beim Abfahren einer Bewegungsbahn die berechneten mittleren Abweichungen aller Meßzyklen tabellarisch abgelegt. Sie sollten zur Optimierung von $Entf_{MDIFF,MAX}$ genutzt werden.

Ein weiterer Vorteil des beschriebenen Verfahrens besteht darin, daß selbst reproduzierbare Meßfehler der Abstandsmeßeinheit nahezu ohne Auswirkung auf das Ergebnis eines Profilvergleichs sind. Voraussetzung hierfür ist, daß die Sollprofile im Teach-Betrieb eingegeben wurden. In diesem Fall kompensieren sich die beim Programmieren und beim Profilsuchen auftretenden Meßfehler.

Weiterhin ist hervorzuheben, daß ein Profilvergleich nicht abgebrochen wird, falls ein einzelner Meßwert fehlerhaft ist. Vielmehr wird das Gesamtergebnis nur im Verhältnis zur Anzahl der Meßpunkte beeinträchtigt. Auf eine (zeit)aufwendige Filterung der Meßdaten kann daher verzichtet werden.

Da sich reale Querschnittsprofile sowohl aus Geraden, Knikken, Kanten als auch aus Rundungen zusammensetzen, ist es prinzipiell möglich die Anzahl der erforderlichen Stützpunkte des Sollprofils mit Kreis- und Parabelabschnitten oder mittels Splinefunktionen geringfügig zu reduzieren. Hierdurch würden sich beim Programmieren aber deutlich höhere Anforderungen an den Anwender ergeben. Aus diesem Grund ist diese Wahlmöglichkeit bei der Generierung von Sollprofilen nicht vorgesehen, sondern erfolgt eine Verbindung der Stützpunkte durch Polygonzüge.

5.3.3 Automatische Spurverfolgung

Als Hauptanwendungsgebiet der Profilmessung ist die automatische Spurverfolgung zu sehen. Bei der Durchführung dieser Aufgabe muß der Roboter in der Lage sein, eine durch wenige Stützpunkte vorgegebene Bahn selbständig zu finden. Zusätzlich müssen beispielsweise die fertigungsbedingten Toleranzen im Verlauf einer Kante durch Korrektur der Bewegungsbahn kompensiert werden. Ziel dieser Korrektur ist es, an gleichartigen Werkstücken, deren Lage (Position und/oder Orientierung) relativ zum Roboter Abweichungen aufweist, vergleichbare Bewegungsbahnen zu finden.

Zum Einlernen dieser Aufgabe wird eine durch Teachpunkte vorgegebene Bahn an einem Musterwerkstück punktweise abgefahren. Dabei werden die vorliegenden Profilkurven gemessen und als Referenzkurven abgelegt. Die Positions- und Entfernungskoordinaten kennzeichnen die relative Zuordnung von Meßkopf und werkstückfester Profilkurve. Abweichungen von dieser Zuordnung (Bild 5.10: Lage des programmierten Sollprofils) werden bei der automatischen Spurverfolgung erkannt und durch den berechneten Verschiebevektor $\underline{v}_{VE}$ quantifiziert. Folglich dienen seine Komponenten als Grundlage zur Berechnung von Bahnkorrekturwerten für eine Robotersteuerung.

5.3.4 Identifikation, Qualitäts- und Bearbeitungskontrolle mittels Profilbildauswertung

Die Möglichkeiten des entwickelten Vergleichsalgorithmus sind durch die zuvor angeführten Anwendungen noch nicht umfassend genutzt. Er findet auch Anwendung in den Bereichen Identifikation, Qualitäts- und Bearbeitungskontrolle.

Der erarbeitete Vergleichsalgorithmus eignet sich ebenfalls zur Identifikation von Kleinteilen und zum Auffinden markanter

Oberflächenprofile wie Bohrungen oder Nahtanfängen. Zur Durchführung dieser Aufgabe wird ein gemessenes Istprofil off-line mit mehreren Referenzprofilen verglichen. Eine vorhandene Übereinstimmung wird mit dem bekannten Kriterium $Entf_{MDIFF} < Entf_{MDIFF,MAX}$ überprüft und dadurch das gemessene Teil identifiziert.

Im Gegensatz zum bisherigen Meßablauf wird bei Anwendungen zur Qualitäts- und Bearbeitungskontrolle eine wählbare Stelle am Meßobjekt erst nach erfolgter Bearbeitung abgetastet (Bild 5.12). Dann wird die ermittelte Meßkurve (Istprofil) mit dem Sollprofil verglichen. Im Gegensatz zu den Einsatzfällen der zurückliegenden Kapitel wird bei Prüfaufgaben als Referenzprofil nicht die Sollkurve vom Rohzustand einer Bearbeitungsstelle vorgegeben. Vielmehr erfolgt der Vergleich mit dem

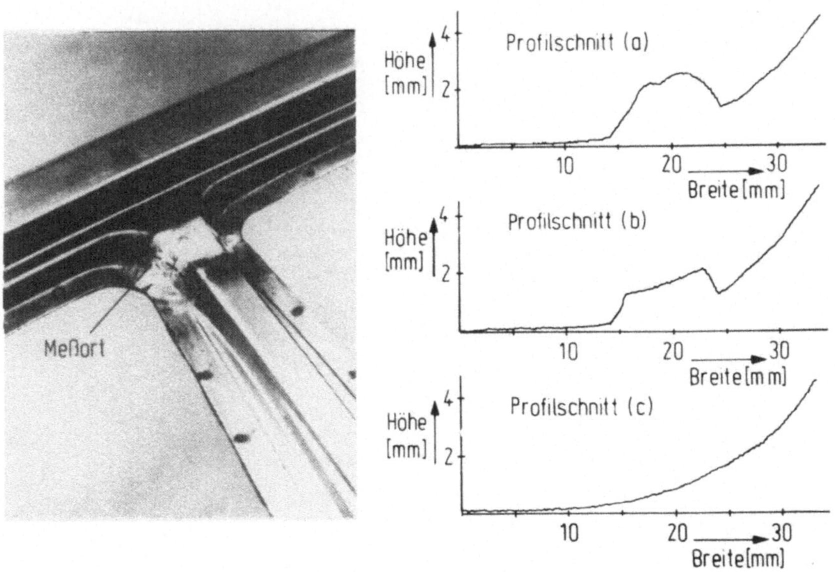

Bild 5.12: Fotographie und Querschnittsprofile einer Hartlotnaht im unbearbeiteten Zustand (a), nach teilweiser (b) und abschließender (c) Bearbeitung

Abbild einer ideal bearbeiteten Oberfläche. Hierbei handelt es sich beispielsweise um das Schnittbild einer verschliffenen Naht, einer Schweißraupe am Stoßpunkt zweier Bleche oder einer Kleberaupe in einem Falz. Beim Scannen der Oberfläche wird in jedem Meßzyklus automatisch die aktuelle Abweichung zur Referenzprofilkurve berechnet. Dadurch wird beispielsweise die noch abzutragende Nahthöhe oder die Abweichung zwischen Ideal- und Realzustand einer Schweiß-, Löt- oder Kleberaupe hinsichtlich Form und Position bestimmt. In Bild 5.12 wird der erkennbare Bearbeitungsfortschritt am Beispiel einer Hartlotnaht verdeutlicht.

Mit dem beschriebenen Meßalgorithmus steht ein wirkungsvolles Hilfsmittel zur Verfügung, um vor oder nach einer Bearbeitung das Bearbeitungsergebnis zu kontrollieren, den Bearbeitungsfortgang zu optimieren und darüberhinaus das Bearbeitungsende zu erkennen.

5.4 Profilbildauswertung mit Orientierungsmessung

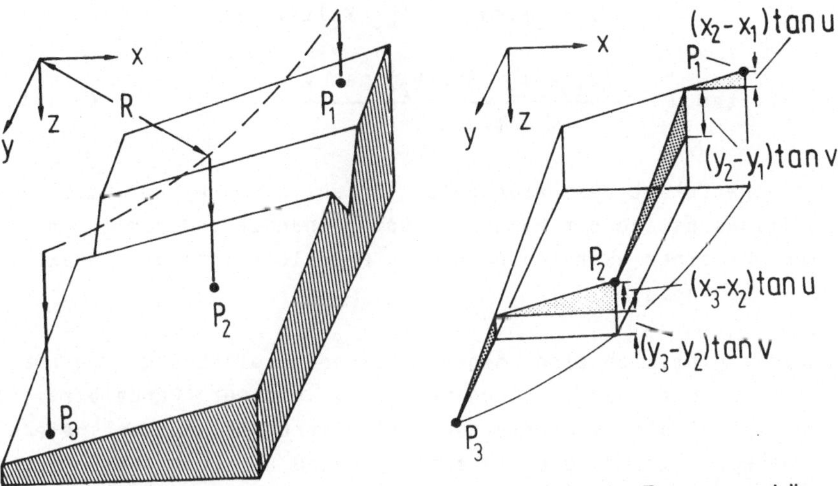

Bild 5.13: Orientierungsberechnung mittels dreier Meßpunkte

Die in Abschnitt 5.3 zugrunde gelegte Meßkopfanordnung liefert vorrangig Daten zur Profilbildauswertung. Darüberhinaus wird aus den Daten dreier unterschiedlicher Meßpunkte (z.B.: P_1, P_2, P_3), die außerhalb des Querschnittprofils liegen, die Orientierung der Oberfläche berechnet. Die dabei gültigen geometrischen Zusammenhänge sind in Bild 5.13 verdeutlicht und führen zu den Beziehungen:

$$z_2 - z_1 = (x_2 - x_1) \tan u + (y_2 - y_1) \tan v \qquad (5.12)$$

$$z_3 - z_2 = (x_3 - x_2) \tan u + (y_3 - y_2) \tan v \qquad (5.13)$$

Aus diesen Gleichungen ergibt sich nach einigen Umformungen:

$$\tan v = \frac{(z_1-z_2)(x_3-x_2)-(z_3-z_2)(x_1-x_2)}{(y_1-y_2)(x_3-x_2)-(y_3-y_2)(x_1-x_2)} \qquad (5.13)$$

$$\tan u = \frac{(z_1-z_2) - (y_1-y_2)\tan v}{(x_1-x_2)} \qquad (5.14)$$

Die Genauigkeit der berechneten Orientierungswinkel ist vom Positionsabstand der Meßpunkte untereinander und damit letztlich von einem ausreichend großen Pendelbereich der Meßkopfachse abhängig.

Damit ergibt sich eine gegensätzliche Zielsetzung gegenüber einer auf die Naht begrenzten (--> kleiner Pendelbereich) schnellen Profilbildauswertung. Eine Verbesserung der berechneten Werte ist dadurch zu erzielen, daß als Stützpunkt nicht ein einzelner Abstandsmeßwert, sondern eine Mittelung über mehrere Meßwerte verwendet wird. Prinzipbedingt kann jedoch pro Pendelbewegung nur eine Orientierungsberechnung erfolgen.

Wird die Einzelmeßeinheit im Pendelmeßkopf durch eine Vierfachmeßeinheit ersetzt (Bild 5.14), so führt dies zu einer deutlich höheren Meßgeschwindigkeit. Während die Daten der Meßpunkte P_{S1}, P_{S3} und P_{S4} die Aufgabe der Orientierungsmessung übernehmen, wird der Meßpunkt P_{S2} zur Querschnittsprofilmessung eingesetzt. Als Folge dieser Aufgabenteilung werden in jedem Meßzyklus (Zyklustakt < Taktzeit Roboterlageregelung) Orientierungsdaten berechnet und darüber hinaus nach jeder Pendelbewegung der Versatz des abgetasteten Profils gegenüber dem Sollprofil bestimmt.

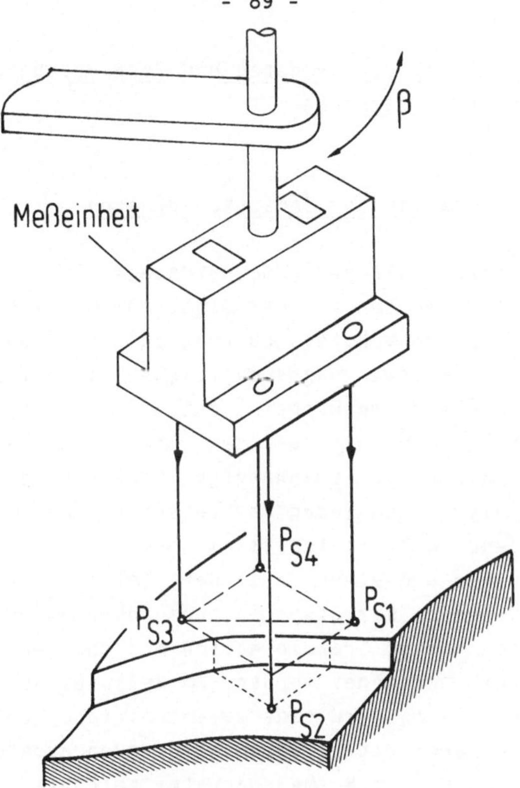

Bild 5.14: Prinzipanordnung zur Profil- und Orientierungsmessung

Zusammenfassung

Im Rahmen dieses Kapitels wurden die bestehenden Zusammenhänge zwischen Meßalgorithmen und Meßkopfaufbau verdeutlicht. Das Ziel aller Berechnungen war es, Führungskorrekturwerte zur Beeinflussung der Roboterbewegungsbahn zu erzeugen. Sämtliche vorgestellten Messungen finden in einem meßkopffesten Koordinatensystem statt. Der Meßkopf wiederum ist am Roboter fixiert. Folglich ist eine Umrechnung dieser Daten notwendig, um sie in der Robotersteuerung verarbeiten zu können. Diese Problematik ist Inhalt des nachfolgenden Untersuchungen.

6 Aufbereitung der Meßdaten und Verarbeitung in der Robotersteuerung

6.1 Transformation der Sensorkoordinaten

Die mit unterschiedlichen Meßanordnungen gewonnenen Daten stellen eine Information aus der Sicht der Meßeinheit im Meßkopf dar. Um die zur Robotersteuerung zu übertragenden Bahnkorrekturwerte vom anwendungsspezifischen kinematischen Aufbau des Sensormeßkopfs zu entkoppeln, ist im Sensorrechner eine Koordinatenumrechnung durchzuführen. Sie liefert allgemeingültige, vom Meßkopfaufbau unabhängige Bahnkorrekturwerte. Die Umrechnung stellt einen Bezug her zwischen einem auf die Meßeinheit bezogenen Koordinatensystem, dem sogenannten Sensorkoordinatensystem und einem mit der letzten Handachse des Roboters verbundenen Bezugssystem, dem sogenannten Greiferkoordinatensystem. Diese Transformation muß für jede Meßkopfkinematik speziell berechnet werden. Am Beispiel der in Bild 6.1 skizzierten Anordnung wird eine zugeschnittene Sensor-Greifer-Transformation hergeleitet. Dabei wird davon ausgegangen, daß von einem Meßpunkt M (z.B. Meßquadratmittelpunkt) sowohl die Positions-($x_{S,M}$, $y_{S,M}$, $z_{S,M}$) als auch die Orientierungsdaten ($u_{S,M}$, $v_{S,M}$) bekannt sind.

Mathematisch ist die Orientierung in M mit einer entsprechend /36/ definierten Richtungskosinusmatrix, der Matrix $\underline{D}_{S,M}$ eindeutig beschrieben (Abk.: S = Sensorkoordinaten).

Im vorliegenden Fall (Bild 6.1) geht das Sensorkoordinatensystem ausschließlich durch Translation aus dem Greiferkoordinatensystem hervor. Für die Orientierung gilt der Sonderfall:

$$\underline{D}_{G,M} = \underline{D}_{S,M} \tag{6.1}$$

(Abk.: G : Greiferkoordinatensystem, S : Sensorkoordinatensystem, M : Meßpunkt M)

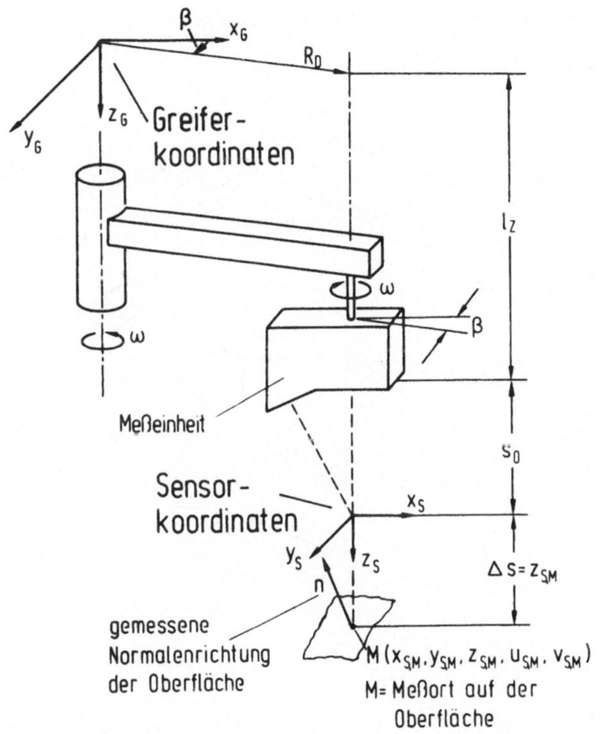

Bild 6.1: Festlegung des Sensorkoordinatensystems

Werden die Positionskoordinaten von M ($x_{S,M} = 0$, $y_{S,M} = 0$, $z_{S,M}$) im Greiferkoordinatensystem als Positionsvektor $\underline{s}_{G,M}$ definiert, so besteht der Zusammenhang:

$$\underline{s}_{G,M} = \begin{bmatrix} x_{G,M} \\ y_{G,M} \\ z_{G,M} \end{bmatrix} = \begin{bmatrix} R_D \cos\beta + x_{S,M} \\ R_D \sin\beta + y_{S,M} \\ l_Z + s_0 + z_{S,M} \end{bmatrix} \qquad (6.2)$$

6.2 Aufbereitung und Verarbeitung der Meßdaten in der Robotersteuerung

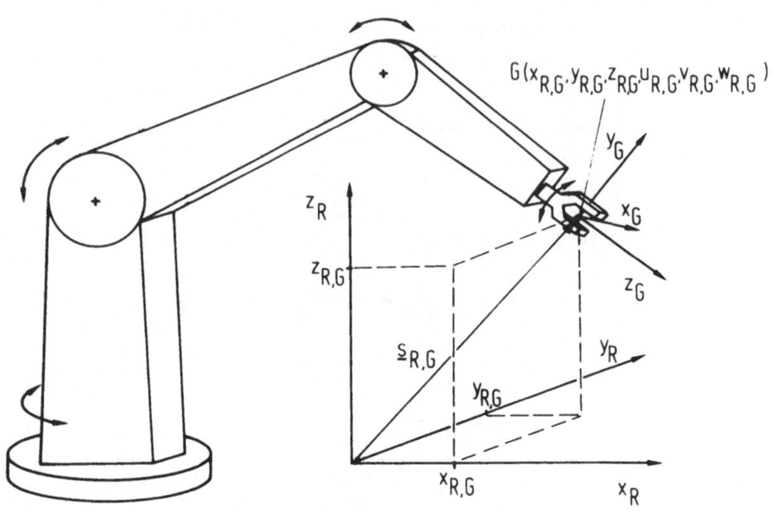

Bild 6.2: Definition des Robotergreiferkoordinatensystems

Nach Durchführung der in Abschnitt 6.1 hergeleiteten Umrechnungen liegen die gewonnenen Meßdaten in einem greiferfesten Koordinatensystem vor. Der Ursprung und die Orientierung dieses Bezugssystems (Bild 6.2: Punkt G($x_{R,G}$, $y_{R,G}$, $z_{R,G}$, $u_{R,G}$, $v_{R,G}$, $w_{R,G}$)) ergeben sich durch Rotation und Translation aus dem raumfesten Koordinatensystem. Die Koordinatenwerte von Punkt G sind in der Robotersteuerung bekannt. Nachfolgend werden die Ortskoordinaten als Positionsvektor:

$$\underline{s}_{R,G} = \begin{bmatrix} x_{R,G} \\ y_{R,G} \\ z_{R,G} \end{bmatrix} \qquad (6.3)$$

dargestellt (Bild 6.2). Die Orientierung des Greifers wird durch die Orientierungsmatrix $\underline{D}_{R,G} = F(u_{R,G}, v_{R,G}, w_{R,G})$

definiert. Die einzelnen Terme der Matrix ($a_{11},\ldots,a_{33}$) sind in der Robotersteuerung bekannt oder können dort berechnet werden.

Die Umrechnung der Position und Orientierung des Meßpunkts M ins raumfeste Koordinatensystem ist mit den nachfolgenden Gleichungen möglich:

Position: $$\underline{s}_{R,M} = \underline{s}_{R,G} + \underline{D}_{R,G}\,\underline{s}_{G,M} \qquad (6.5)$$

Orientierung: $$\underline{D}_{R,M} = \underline{D}_{R,G}\,\underline{D}_{G,M} \qquad (6.6)$$

($\underline{s}_{R,G}$ = Position des Greifers; $\underline{s}_{G,M}$ aus Gl.6.2 bekannt)

Soll beispielsweise die Oberfläche eines Werkstücks in Position und Orientierung abgetastet werden und dabei der Roboter in konstantem Abstand und in Normalenrichtung zur Oberfläche geführt werden, so ergeben sich daraus die Forderungen:

$$u_{S,MSOLL} = v_{S,MSOLL} = 0 \quad \text{und} \quad z_{S,MSOLL} = \text{konstant} \qquad (6.7)$$

(S = Sensorkoordinaten, MSOLL = Sollwert des Meßpunkts M). Folglich hat der zugehörige Sollpositionsvektor die Werte (vergl. Gl. 6.2):

$$\underline{s}_{G,MSOLL} = \begin{bmatrix} x_{G,MSOLL} \\ y_{G,MSOLL} \\ z_{G,MSOLL} \end{bmatrix} = \begin{bmatrix} R_D \cos\beta + x_{S,MSOLL} \\ R_D \sin\beta + y_{S,MSOLL} \\ l_Z + s_0 + z_{S,MSOLL} \end{bmatrix} \qquad (6.8)$$

(vergl. Gl.6.2; da bei diesem Beispiel nur Abstand und Orientierung zu regeln sind, gilt $x_{S,MSOLL} = y_{S,MSOLL} = 0$).

Die Berechnung der Sollwertabweichungen von der gemessenen Istposition M (x_{SM}, y_{SM}, z_{SM}, u_{SM}, v_{SM}) führt zu folgenden Korrekturwerten:

Position:

$$\Delta \underline{s}_{G,M} = \underline{s}_{G,MSOLL} - \underline{s}_{G,M} = \begin{bmatrix} 0 \\ 0 \\ z_{S,MSOLL} - z_{S,M} \end{bmatrix} \quad (6.9)$$

Orientierung:

$$\begin{aligned} \Delta u_{G,M} &= \Delta u_{S,M} = u_{S,MSOLL} - u_{S,M} \\ \Delta v_{G,M} &= \Delta v_{S,M} = v_{S,MSOLL} - v_{S,M} \end{aligned} \quad (6.10)$$

Aus den Winkelabweichungen (Gl. 6.10) wird die Orientierungskorrekturmatrix $\Delta \underline{D}_{G,M}$ gebildet. Sie lautet:

$$\Delta \underline{D}_{G,M} = \begin{bmatrix} \cos\Delta u_{S,M} & \sin\Delta u_{S,M} \sin\Delta v_{S,M} & \sin\Delta u_{S,M} \cos\Delta v_{S,M} \\ 0 & \cos\Delta v_{S,M} & -\sin\Delta v_{S,M} \\ -\sin\Delta u_{S,M} & \cos\Delta u_{S,M} \sin\Delta v_{S,M} & \cos\Delta u_{S,M} \cos\Delta v_{S,M} \end{bmatrix} \quad (6.11)$$

Mittels Matrix $\underline{D}_{R,G}$ erfolgt dann die Umrechnung ins raumfeste Koordinatensystem mit den Gleichungen (Greifer-Raumkoordinaten-Transformation):

$$\Delta \underline{s}_{R,M} = \underline{D}_{R,G} \; \Delta \underline{s}_{G,M} \quad (6.12)$$

$$\Delta \underline{D}_{R,M} = \underline{D}_{R,G} \; \Delta \underline{D}_{G,M} \quad (6.13)$$

Die vorhandenen Möglichkeiten diese Greifertransformtion (Gl.6.12, 6.13) in- oder außerhalb der Robotersteuerung durchzuführen und eine geeignete Schnittstelle festzulegen, sind in Bild 6.3 dargestellt.

In Variante a (Bild 6.3) werden die berechneten Werte der Interpolation über eine Ausgabeschnittstelle zum Sensorrechner übertragen (zusätzliche Ausgabeschnittstelle, zusätzliche Übertragungszeit). Dann berechnet der Sensorrechner die

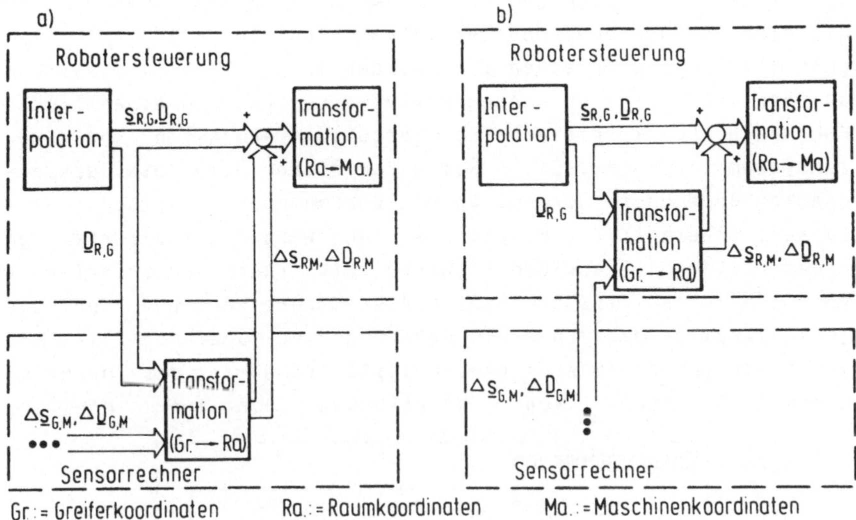

Bild 6.3: Schnittstelle zwischen Sensorrechner und Robotersteuerung

Greifertransformation. Er entlastet hierdurch die Robotersteuerung. Da die nachfolgende Rückwärtstransformation (Transformation (Ra.-->Ma.)) aber auf Berechnungen von Interpolation und Greifertranformation aufbaut, müssen alle in Bild 6.3 skizzierten Module seriell abgearbeitet werden. Folglich unterscheidet sich die benötigte Rechenzeit beider Lösungsvarianten nur durch die erforderliche Zeit zur Datenübertragung. (Annahme: beide Rechner vergleichbare Rechengeschwindigkeit).

Im Vergleich überwiegen daher die Vorteile von Lösungsvariante b. Sie erfordert nur eine unidirektionale Schnittstelle mit einer geringeren Anzahl zu übermittelnder Daten. Deshalb wird im Weiteren auf diese Schnittstellenlösung zurückgegriffen.

Der weitere Datenfluß und das Zusammenwirken des Sensorsystem mit einem vorhandenen Robotersystem sind in Bild 6.4 dargestellt. Wie zu erkennen ist, werden in der Robotersteuerung aus den übermittelten Bahnkorrekturwerten und den eigentlichen Führungsgrößen korrigierte Sollwerte im raumfesten Koordinatensystem berechnet. Diese Sollwerte dienen dazu, die gespeicherten Bewegungsprogramme an das vorhandene Werkstück anzupassen. Innerhalb der Robotersteuerung werden diese Werte von einem weiteren Transformationsbaustein (Rückwärtstransformation) in achsspezifische Stellgrößen umgerechnet und den Lageregelkreisen der einzelnen Roboterachsen zugeführt /11/. Mit der beschriebenen Sensorregelschleife ist somit das nachführende Abtasten von Werkstücken on-line möglich.

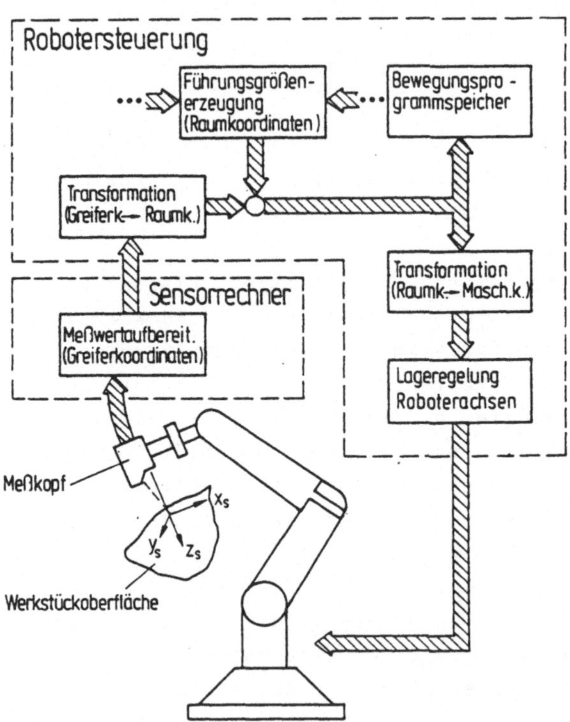

Bild 6.4: Realisierter Datenfluß beim Zusammenwirken des Sensorsystem mit einem vorhandenen Robotersystem

Die bereitgestellten Korrekturdaten des Sensorsystems beziehen sich auf ein Greiferkoordinatensystem. Die einzelnen Komponenten stellen folglich die Tangente, Normale und Binormale zur aktuellen Bewegungsrichtung des TCP (Tool-Center-Point) dar (Bild 6.2). Zur Verbesserung des Regelverhaltens dynamisch kritischer Bewegungsachsen werden diese Komponenten als Eingabegrößen benötigt. Die bereitgestellten Daten sind daher nicht nur eine brauchbare Lösung zur Beeinflussung derzeit verfügbarer Roboterregelungen, sondern liefern auch die erforderliche Information zur Realisierung zukünftiger leistungsfähigerer Reglerstrukturen (z.B. Zustandsregler).

6.2.1 Steuerungsbedingter Bahnfehler durch Meßortversatz

Bei Bearbeitungsaufgaben wie Schleifen, Schweißen, Abdichten oder Entgraten besteht in der Regel die Problematik, daß eine Messung im TCP (Tool-Center-Point = Werkzeugeingriffspunkt)

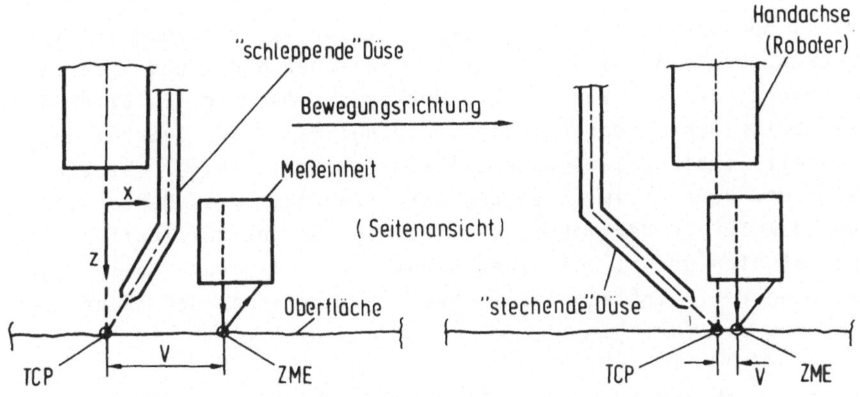

Bild 6.5: Prinzipbild einer Meß- und Bearbeitungseinheit

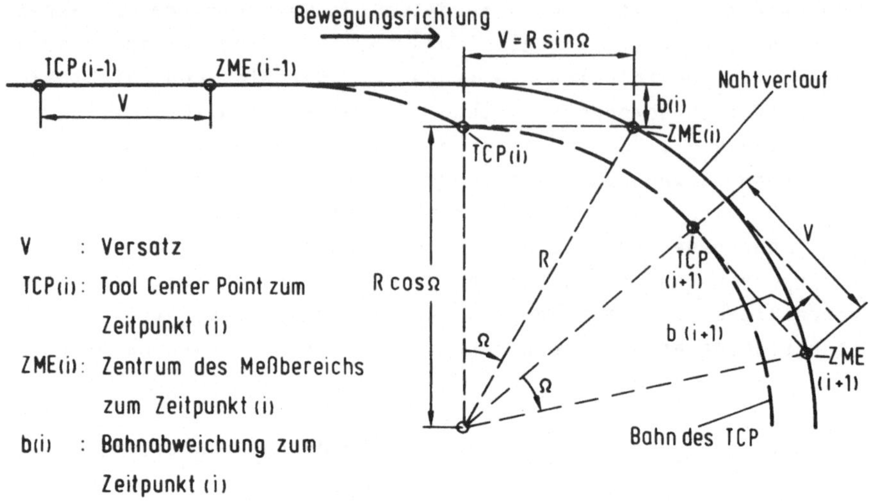

Bild 6.6: Bahnabweichung des TCP bei Führung ohne Vorlaufsteuerung

nicht möglich ist, ohne den Meßort durch das Werkzeug zu verdecken. Deshalb ist ein Versatz V zwischen Meß- und Bearbeitungsort bzw. ein Vorlauf des Meßkopfs notwendig. In Bild 6.5 ist beispielhaft das Prinzipbild einer Meß- und Bearbeitungseinheit (Triangulationsmeßeinheit / Spritzdüse) skizziert. Wird der Versatz zwischen dem ZME (Zentrum des Meßbereichs) und dem TCP in der Robotersteuerung nicht berücksichtigt, so ergibt sich sowohl bei einer Bahnkurve, als auch bei einer Wölbung der Oberfläche eine Abweichung zwischen der Bahn des ZME und des TCP.

Dieser Sachverhalt wird im Bild 6.6 verdeutlicht. Sobald der Nahtverlauf nicht mit dem ZME übereinstimmt, erkennt die Meßeinheit eine Bahnabweichung. Sie korrigiert die Position des TCP normal zu dessen augenblicklicher Bewegungsrichtung. Diese Korrektur wird beendet, wenn sich das ZME wieder über der Naht befindet. Im skizzierten Beispiel kann die maximal entstehende

V = 10 mm		V = 20 mm		V = 40 mm	
R(mm)	b(mm)	R(mm)	b(mm)	R(mm)	b(mm)
10	10	20	20	40	40
20	1,34	40	2,68	80	5,36
30	0,57	60	1,14	120	2,28
60	0,14	120	0,28	240	0,56

Tabelle 6.1: Zahlenwerte zur Abschätzung von b

statische Bahnabweichung b mit der nachfolgenden Gleichung berechnet werden:

$$b = R(1 - \cos\quad) = R(1 - \cos(\text{arc}\sin \frac{V}{R})) \qquad (6.14)$$

In Tabelle 6.1 sind exemplarisch einige Werte von b in Abhängigkeit von V und R angegeben, um einen Anhaltswert für die Größe des statischen Bahnfehlers zu vermitteln.

Um im Bereich von Kurven, Wölbungen und Kanten diesen Fehler bei der Vorgabe der Sollbahn zu kompensieren, ist eine sogenannte Vorlaufsteuerung erforderlich.

Im Gegensatz zur Wirkungsweise entsprechend Bild 6.4 (geschlossener Regelkreis mit Taktzeit = Interpolationstaktzeit), werden die berechneten Daten nicht mehr unmittelbar als Korrekturwerte genutzt. Vielmehr werden sie als Bahnstützpunkte in der Robotersteuerung hinterlegt und zur Bahnplanung genutzt. Sobald der TCP im Bereich der Stützpunkte ist, berechnet die Robotersteuerung daraus mit Hilfe von Interpolationsvorbereitung und Interpolation Sollwerte zur Führung des TCP /37/ (Bild 6.7). Diese Sollwerte beschreiben den gewünschten Bahnverlauf mit der Meßgenauigkeit des Sensorsystems.

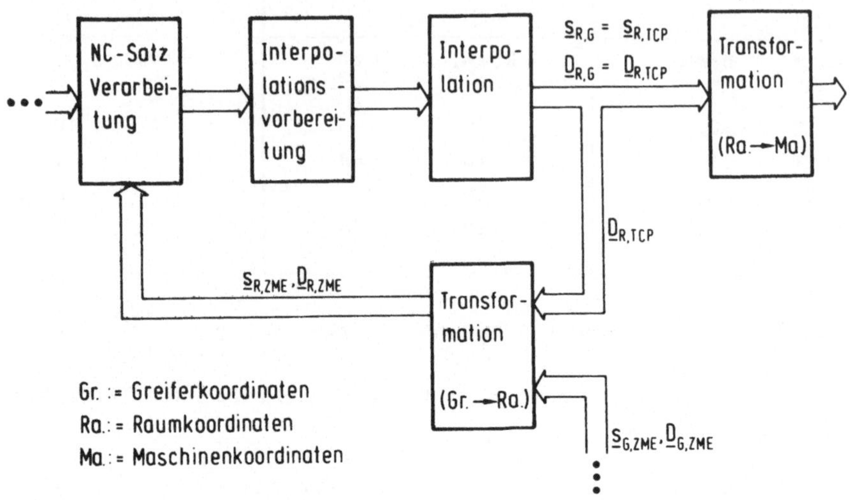

Bild 6.7: Prinzip einer Vorlaufsteuerung

Die beschriebenen Funktionsabläufe der vorangegangenen Kapitel wurden mit einem optischen Sensorsystem untersucht. Thematik des folgenden Kapitels ist die Realisierung einzelner Schwerpunkte (z.B. Auswerteelektronik) und der Aufbau des Sensorsystem.

7 Realisierung eines optischen Robotersensorsystems

Wie bereits aus Kap. 3.2 bekannt, besteht das entwickelte Sensorsystem aus Meßkopf, analoger Auswerteelektronik und nachgeschaltetem Sensorrechner. Der Meßkopf ist aus einer oder mehreren Triangulationsmeßeinheiten und einer Bewegungseinheit aufgebaut. Das Prinzip und die Funktionsweise einer einzelnen Triangulationsmeßeinheit wurde bereits in Kap.4.2 im Zusammenhang mit der Auswahl des Meßverfahrens besprochen.

Die nachfolgenden Abschnitte befassen sich mit der Entwicklung der Auswerteelektronik einer einzelnen Meßeinheit und beschreiben den Aufbau des realisierten Meßkopfes, des Sensorrechners und die Struktur der Sensorsoftware. Abschließend werden die Grenzen des Sensorsystems bei der Spurverfolgung verdeutlicht.

7.1 Entwicklung der Auswerteelektronik

Aufgabe der Auswerteelektronik, die sich an den Positionsdetektor (PSD) anschließt ist es, die empfangenen Lichtsignale geeignet aufzubereiten. Dazu werden die vom PSD abgegebenen Ströme in Spannungssignale gewandelt, vom Meßkopf zur Auswerteschaltung übertragen und synchron mit dem gepulsten Licht der Lumineszenzdiode (Lichtsender) in einem Analogspeicher abgelegt. Es wird sowohl die Summe von Störlicht und Meßlicht (I_1+I_{01}, I_2+I_{02}) als auch das reine Störlicht (I_{01}, I_{02}) zwischengespeichert. Daraus werden die erforderlichen Terme (siehe Gl. 4.7) I_1-I_2 und I_1+I_2 gebildet. Die beschriebene Signalaufbereitung ist im Blockschaltbild (Bild 7.1) verdeutlicht.

Beim realisierten Aufbau konnte mit einer positionsempfindlichen Diode (S 1545 /24/, Länge der lichtempfindlichen Fläche: 12mm), bei einem Meßbereich von 70 mm eine Wiederholgenauigkeit von $\pm$ 80µm erzielt werden.

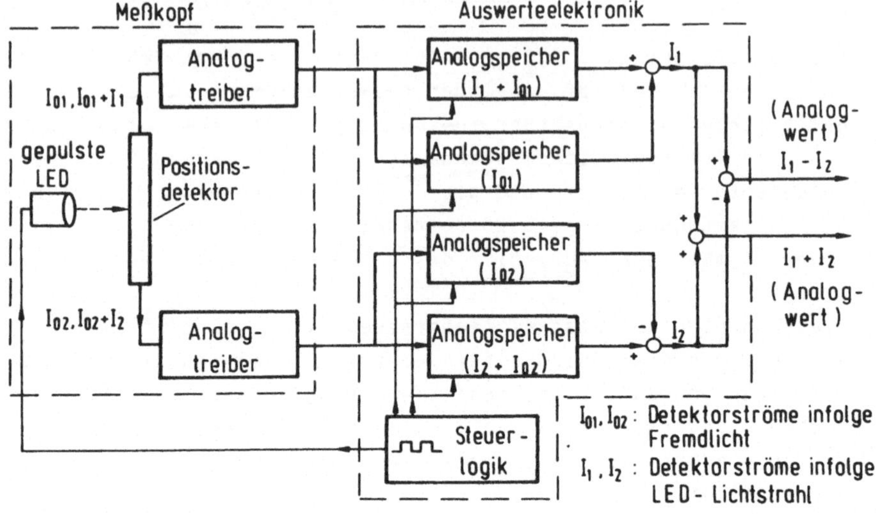

Bild 7.1: Positionsdetektor mit analoger Auswerteelektronik

Die analoge Signalübertragung und -aufbereitung erfordert einen erheblichen Aufwand zur Abschirmung von Störungen. Deshalb muß der Abstand zwischen Meßkopf und Auswerteelektronik möglichst klein sein. Bei einem Testbetrieb konnten mit Kabellängen bis ca. 1 m verwertbare Meßergebnisse erzielt werden. Dabei war der Meßkopf an der Hand eines Roboters, also im Bereich elektromagnetischer Felder, befestigt.

Die zulässige Länge der analogen Übertragungsstrecke ist nicht ausreichend. Denn es ist erforderlich den Meßkopf an der Hand des Roboters anzubringen. Gleichzeitig sollte sich die Auswerteelektronik aus Platz- und Gefahrengründen jedoch außerhalb des Roboterbewegungsbereichs befinden, so daß ein Abstand von mehreren Metern notwendig ist.

Bei der in Bild 7.2 und Bild 7.3 aufgezeigten Lösung treten diese Probleme prinzipbedingt nicht auf.

Im Gegensatz zur analogen Meßsignalaufbereitung wird das gepulste Meßlicht bereits im Meßkopf mit Hilfe einer Dreieckspannung (Referenzsignal, Bild 7.2) in ein pulsbreitenmoduliertes Digitalsignal gewandelt. Dadurch kann es sowohl mittels Lichtleitern, als auch mittels differentiellen Treibern problemlos über große Strecken übertragen werden. Die Generierung dieses Signals, das sich aus den Anteilen t_{Vi} und t_{Ri} zusammensetzt, ist beispielhaft aus dem Impulsdiagramm Bild 7.2 ersichtlich.

Das übertragene Signal (Kanal 1, Bild 7.3) wird in der Auswerteelektronik wieder in die Anteile t_{V1} und t_{R1} aufgespalten. Durch vorwärtszählen während der Zeit t_{V1} und rückwärtszählen während der Zeit t_{R1} in Zähler 1 (Z1) wird der Digitalwert t_1 gebildet, der proportional zum Strom I_1 ist. Damit stehen an den Zählerausgängen (Z_1 und Z_2), (Bild 7.3) die Werte t_1 und t_2 zur Verfügung für die gilt:

$$\frac{I_1 - I_2}{I_1 + I_2} = \frac{t_1 - t_2}{t_1 + t_2} \qquad (7.1)$$

Hervorzuheben ist, daß sowohl eine Änderung der Frequenz des Signalgenerators (Dreieck, Bild 7.3), als auch des Zählquarzes keinen verfälschenden Einfluß auf das Meßergebnis haben (Gl. 7.12: t_1 ---> $k_o t_1$; t_2 ---> $k_o t_2$ mit k_o = konst.).

Erfolgt die Digitalisierung der Meßsignale bereits im Meßkopf, dann existieren im Gegensatz zur analogen Auswertung keine Drift- oder Offsetprobleme auf, so daß diese Fehlerquellen prinzipbedingt vermieden werden. Bei Verwendung mehrerer Meßeinheiten ist auch kein aufwendiger Drift- oder Offsetabgleich notwendig. Vielmehr ist nur eine einmalige Justiermessung zur Bestimmung der konstruktionsbedingten Toleranzen (der

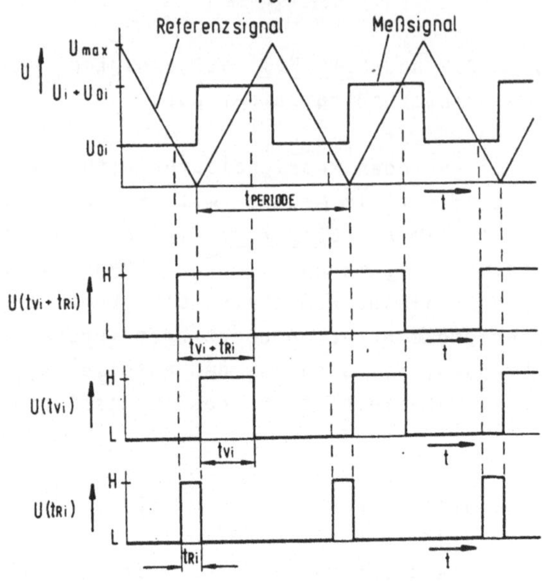

Bild 7.2: Impulsdiagramm der pulsbreitenmodulierten Auswerteelektronik

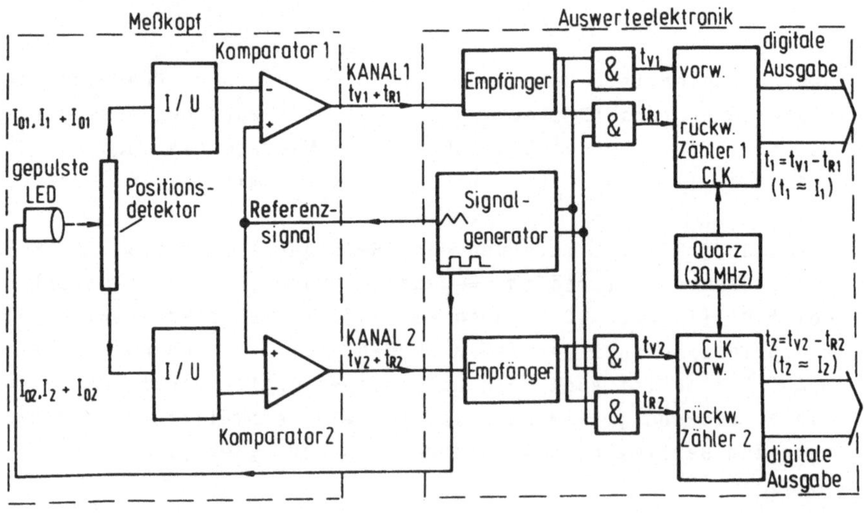

Bild 7.3: Positionsdetektor mit pulsbreitenmodulierter Auswertung

Lage und Richtung von Lichtquelle und Empfänger) der verschiedenen Triangulationsmeßeinheiten erforderlich.

Zur Minimierung der systembedingten Quantisierungsfehler ($\pm$0,5 Zählimpulse) sollte die Frequenz des verwendeten Quarzes möglichst groß sein (hier: 20 MHz). Die in Bild 7.3 dargestellte Einheit wurde mit einer Signalgeneratorfrequenz von 8 kHz realisiert. Daraus ergibt sich ein Quantisierungsfehler von ca. 0,04 %.

7.2 Aufbau des Meßkopfes

Der prinzipielle Aufbau des realisierten Meßkopfes ist aus Bild 7.4 ersichtlich. Seine Aufgabe besteht sowohl darin, den Abstand eines einzelnen Oberflächenpunkts, als auch den Verlauf einer Naht oder Fuge im Raum zu messen. Hierfür muß die punktuell messende Triangulationseinheit relativ zur Oberfläche bewegt werden. Um dabei unabhängig von den Bewegungen des verwendeten Roboters, seiner Dynamik und Kinematik zu sein, wurde in den Meßkopf eine Antriebseinheit integriert. Wie im Prinzipbild (Bild 7.4) verdeutlicht wird, bewegt sich die Meßeinheit bei Betätigung der integrierten Drehachse auf einer Kreisbahn mit dem Radius R_D und mißt dabei fortwährend die

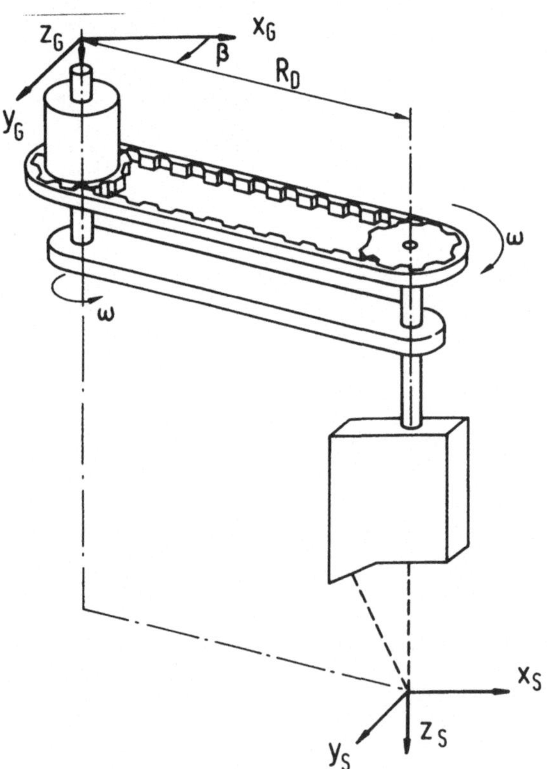

Bild 7.4: Prinzipbild des Meßkopfes

Entfernung zur Oberfläche. Soll beispielsweise die Position einer Naht oder Kante gefunden werden, so bewegt der Meßkopf zunächst seine Rotationsachse. Während dieser Bewegung werden mit einer Taktzeit von 2 ms (wählbar) die Abstandssignale der Meßeinheit eingelesen und gleichzeitig die Achsposition (Winkel ß) mit einem inkrementellen Wegmeßsystem bestimmt.

Eine starre Lagerung der Meßeinheit während der Kreisbewegung würde ein Abscheren des Verbindungskabels Meßeinheit-Auswerteelektronik bewirken. Deshalb wird die Verdrehung der Meßeinheit während der Rotation durch eine, mittels Zahnriementrieb realisierte Ausgleichsbewegung kompensiert. Bild 7.5 zeigt den realisierten Meßkopf.

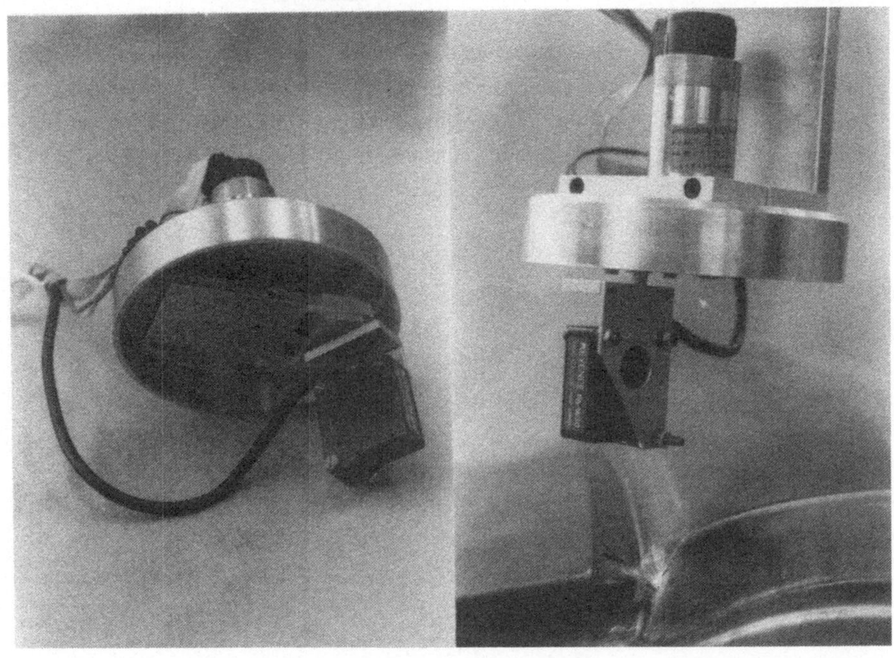

Bild 7.5: Prototyp des Meßkopfes

7.3 Aufbau des Sensorrechners

Die Steuerung des Meßkopfs, sowie die Auswertung der Meßdaten erfolgt durch eine Mikroprozessoreinheit, den sogenannten Sensorrechner. Hierbei handelt es sich um eine Mikroprozessorkarte mit Prozeßperipherie, die nachfolgend näher erläutert wird.

7.3.1 Modularer Hardwareaufbau des Sensorrechners

Die umfangreichen Aufgaben des Sensorrechners, sowie die große Anzahl von Schnittstellen erfordern den Einsatz eines Bussystems. Nur dadurch ist es möglich bei der Realisierung eine leistungsfähige standardisierte Rechnerkarte zu verwenden und mittels einer Busankopplungskarte (Bild 7.6) die erforderliche große Anzahl peripherer Schnittstellen nach Bedarf zu konfigurieren. Beim entwickelten System befinden sich auf jeder Grundkarte vier Steckplätze, die wahlweise mit analogen oder digitalen Ein- oder Ausgabeeinheiten bestückt werden. In Bild 7.6 ist beispielhaft der hardwaremäßige Grundaufbau des

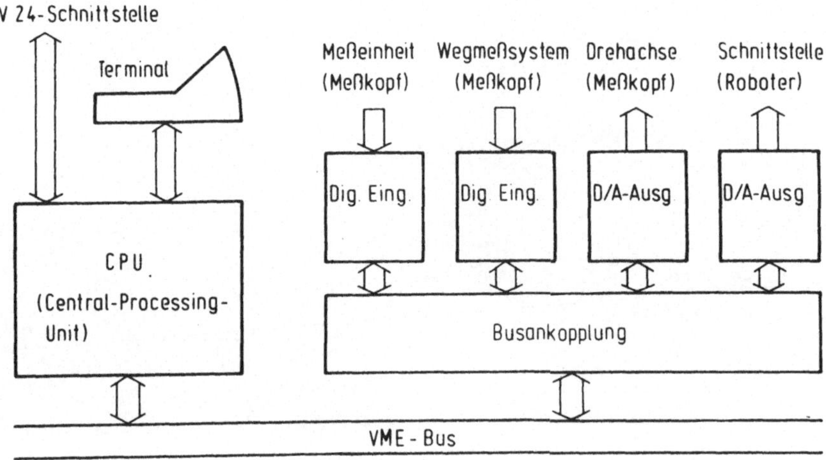

Bild 7.6: Hardwareaufbau des Sensorrechners

realisierten Sensorrechners dargestellt. Die Modularität des Aufbaus stellt sicher, mit einem sehr geringen Aufwand Änderungen und Erweiterungen der Peripherie realisieren zu können.

7.3.2 Modularer Aufbau und Struktur der Sensorsoftware

Die Sensorsoftware ist funktionell in verschiedene Module gegliedert. Sie werden von einem Organisationsprogramm angestoßen, kontrolliert und überwacht. Der Benutzer kann über ein Terminal die gewünschte Arbeitsaufgabe auswählen (z.B. Oberflächenmessen, Nahtsuchen, siehe Kap. 5)

Um beispielsweise eine Naht zu verfolgen, wird mittels Führungsgrößenerzeugung und Lageregelung eine Pendelbewegung der Meßkopfdrehachse im Nahtbereich generiert. Gleichzeitig werden die Werte der Meßeinheit eingelesen im Signalaufbereitungsblock kalibriert, linearisiert und der Entfernungswert berechnet. Zusammen mit der Position der Antriebsachse errechnet die Meßwertvorverarbeitung daraus den augenblicklichen Meßort (Oberflächenpunkt). Durch Vergleich der aktuellen Oberflächenpunkte mit dem vorgegebenen Sollprofil einer Naht (siehe Kap. 5.3) wird der räumliche Versatz zwischen Soll- und Istprofil in der Meßwertaufbereitung errechnet. Daraus werden Korrekturwerte bestimmt und zur Robotersteuerung übertragen. Die beschriebenen Zusammenhänge sind in Bild 7.7 nochmals verdeutlicht.

Sollte der Austausch einzelner Hardwarekomponenten erforderlich sein (z.B. Meßkopf mit verändertem Meßbereich) so sind die notwendigen Anpassungen infolge der modularen Softwarestrukturierung sehr einfach durch Parameteränderung oder, falls eine andersartige Kalibrierung und/oder Entfernungsberechnung notwendig ist, durch Austausch einzelner Softwaremodule (z.B. Empfangssignalaufbereitung) durchzuführen.

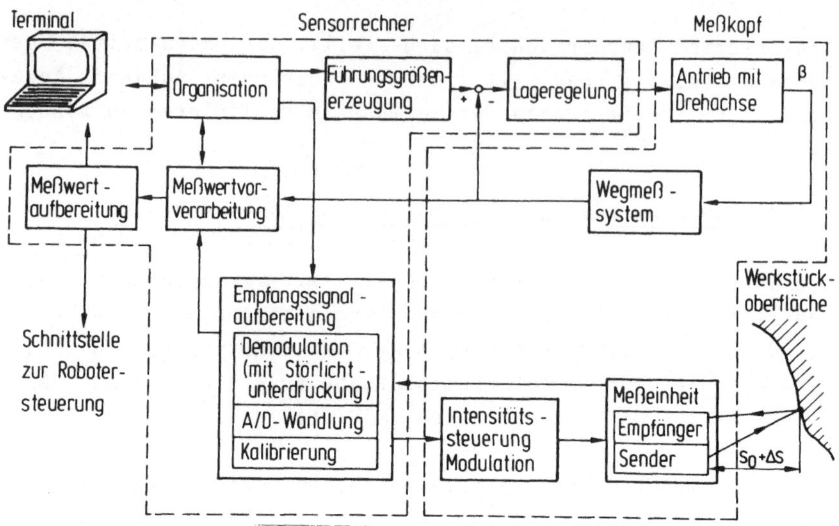

<u>Bild 7.7</u>: Blockschaltbild des optischen Sensorsystems

7.4 Grenzen des realisierten Sensorsystems bei der Spurverfolgung

Wie in Kap. 5.2 und 5.3 beschrieben, pendelt der Meßkopf durch Rotation der integrierten Bewegungsachse (Bild 7.4) beispielsweise im Bereich eines V-Profils und tastet dabei die Werkstückoberfläche ab. Die nachfolgenden Beziehungen klären die bestehenden Zusammenhänge zwischen der Pendelgeschwindigkeit (ω_A), bzw. dem Meßpunktabstand (Δl_p), der abgetasteten Bogenlänge des Profils (l_p) und der maximal zulässigen Bahngeschwindigkeit des Roboters. Diese Abhängigkeiten werden nachfolgend an einem Beispiel verdeutlicht.

Um ein vorgegebenes gesuchtes Profil der Bogenlänge $l_P = R_D\, ß_p$ (P = Profil) messen und verifizieren zu können, überstreicht die Meßeinheit den interessierenden Bereich ($-0.5\, ß_p < ß < +0.5\, ß_p$) mit der konstanten Winkelgeschwindigkeit ω_A. Mit dem Zusammenhang:

$$\omega_A = \frac{\Delta ß}{\Delta t} = \frac{\Delta l_P / R_D}{\Delta t} \qquad (7.2)$$

(Abkürzungen : Δt: Taktperiode des Sensorrechners; $\Delta ß$: Winkelschritt pro Taktperiode; Δl_P = Bewegungsbahn pro Taktperiode; R_D --> siehe Bild 7.4) wird deutlich, daß dadurch die Oberfläche auf einem Kreisbogen (Radius R_D) mit dem konstanten Stützpunktabstand Δl_P abgetastet wird. Dabei ist ω_A bzw. Δl_P so zu wählen, daß unter Beachtung des Abtasttheorems, also in einem der Profilstruktur angepaßten Stützpunktabstand Δl_P, das gesuchte Profil durch eine hinreichende Anzahl von Stützpunkten gekennzeichnet ist. Während der gesamten Bewegung wird der Meßkopf vom Roboter mit dessen Bahngeschwindigkeit v_B über die Werkstückoberfläche bewegt. Bild 7.8 zeigt den realisierten Meßkopf im Einsatz an einer Karosserienaht.

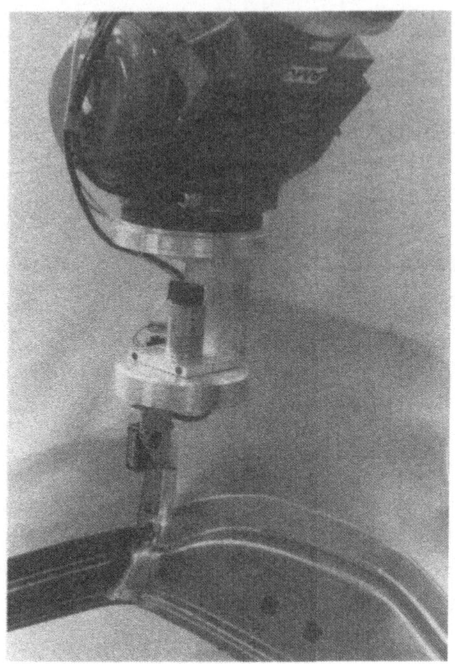

Bild 7.8: Meßkopf beim automatischen Nahtverfolgen

Damit der Drehpunkt des Meßkopfs (= TCP = Ort eines Bearbeitungswerkzeugs) die Werkstückkante während der gesamten Bewegung nicht verläßt, muß das Sensorsystem den nächsten Stützpunkt auf dem Profil spätestens dann gefunden haben, wenn der Roboter den Meßkopf um die Strecke R_D bewegt hat. Folglich existiert eine maximal zulässige Bahngeschwindigkeit v_{BMAX} des Roboters. Die Abhängigkeit dieser Größe von verschiedenen Parametern wird nachfolgend am Beispiel einer horizontalen Knickstelle des Oberflächenverlaufs hergeleitet.

Im ungünstigsten Fall bewegt sich der Meßkopf zum Zeitpunkt $t = t_0$ (Bild 7.9) mit $\omega = \omega_A$ in der skizzierten Richtung, bremst mit M_B = konst. ab, ändert seine Drehrichtung zum Zeitpunkt $t = t_1$, erreicht zum Zeitpunkt $t = t_2$ die Winkel-

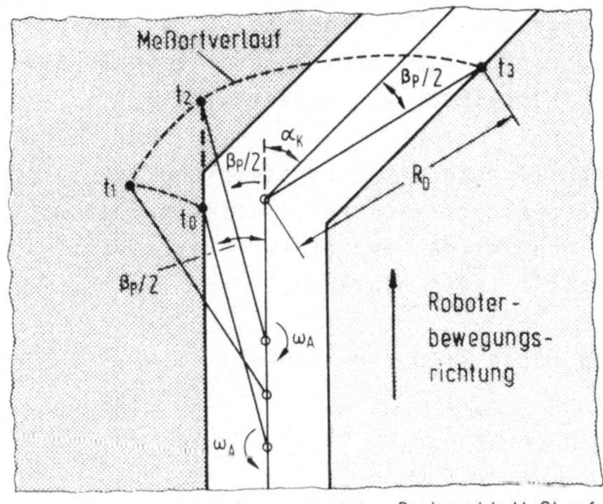

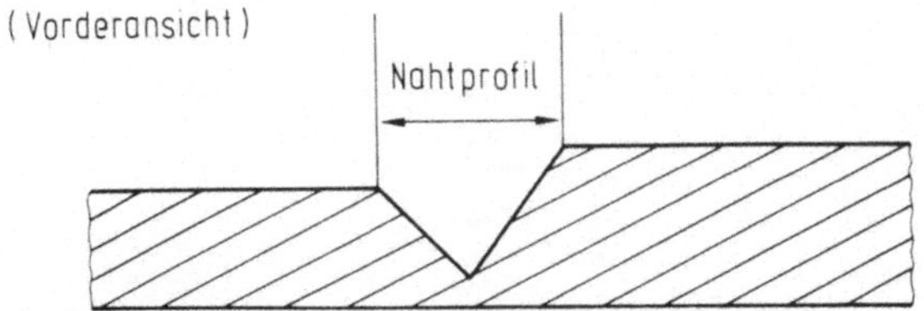

Bild 7.9: Überlagerung der Roboterbahngeschwindigkeit v_B und der Meßkopfpendelbewegung an einer Knickstelle des Profilverlaufs

geschwindigkeit $\omega = \omega_A$ und dreht dann bis zur Stelle $\beta = \alpha_K + 0.5\ \beta_p$ (Zeitpunkt $t = t_3$) und ist dort in der Lage, das gesuchte Profil zu erkennen.

Für diesen Weg, also zum Bremsen $(t_1 - t_0)$, Beschleunigen $(t_2 - t_1)$ und Messen mit konstanter Winkelgeschwindigkeit $(t_3 - t_2)$ benötigt er die Meßzeit:

$$t_{ges} = 2 \frac{J}{M_B} \omega_A + \frac{\alpha_K + \beta_p}{\omega_A} = t_B + t_M \qquad (7.3)$$

(Reibung vernachlässigt, Näherung: M_B = konst. beim Bremsen und Beschleunigen; t_B: Brems- und Beschleunigungszeit, t_M: Meßzeit mit konstanter Winkelgeschwindigkeit).

Bei Kopplung mit einer Robotersteuerung ist zusätzlich zu beachten, daß generierte Korrekturdaten nur einmal pro Zyklustakt eingelesen werden und diese Taktzeit (t_Z) im ungünstigsten Fall als Totzeit hinzukommt.

Mit der Abkürzung (β_M: Meßwinkel)

$$\beta_M = \alpha_K + \beta_p = \beta(t_3) - \beta(t_2) \qquad (7.4)$$

ergibt sich für die zulässige maximale Bahngeschwindigkeit v_{BMAX}:

$$v_{BMAX} = \frac{R_D}{2 \frac{J}{M_B} \omega_A + \frac{\beta_M}{\omega_A} + t_Z} = \frac{R_D}{t_{ges} + t_Z} \qquad (7.5)$$

(Abkürzung: J = Massenträgheitsmoment der bewegten Meßkopfteile).

Die Funktion $v_{BMAX} = f(\omega_A, \beta_M)$ ist quantitativ in <u>Bild 7.10</u> dargestellt.

Wie dort zu erkennen ist und durch Ableitung von Gl. 7.3 deutlich wird, hat die Gesamtzeit t_{ges} ein Minimum und damit $v_{BMAX} = f(\omega_A, \beta_M)$ ein Maximum, wenn gilt:

$$\frac{\Delta\beta}{\Delta t} = \omega_A = \sqrt{\beta_M \frac{M_B}{2\,J}} \qquad (7.6)$$

Die Gesamtzeit beträgt dann

$$t_{ges} = 2\sqrt{\beta_M \frac{2\,J}{M_B}} \qquad (7.7)$$

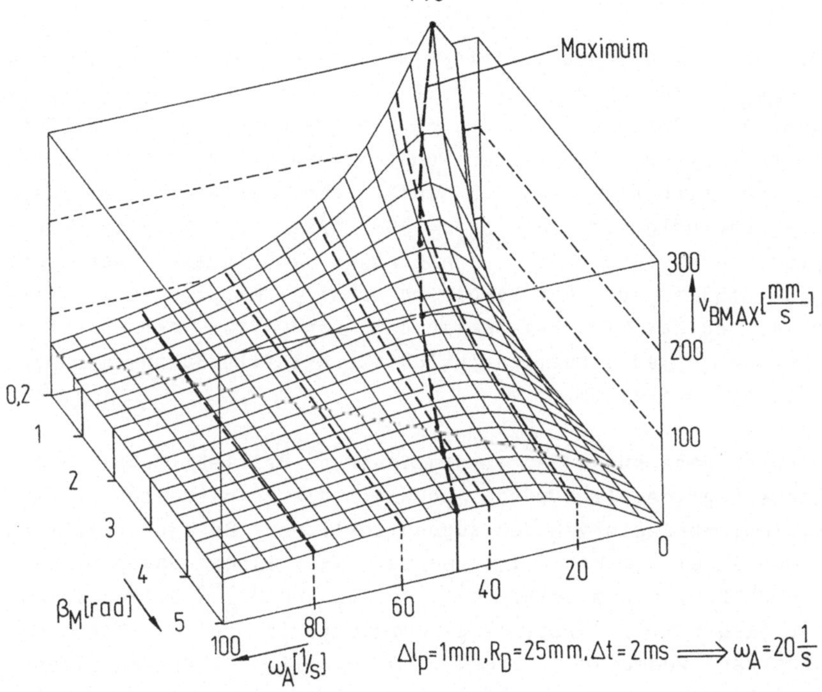

Bild 7.10: Maximal zulässige Roboterbahngeschwindigkeit als Funktion der Winkelgeschwindigkeit ω_A und des Meßwinkels β_M

und setzt sich je zur Hälfte aus der Zeit zum Überstreichen des Meßwinkels β_M (konstante Winkelgeschwindigkeit) einerseits und der Brems- und Beschleunigungszeit andererseits zusammen.

Mit den obigen Beziehungen (Gl. 7.2 ... 7.6) ist der Anwender in der Lage mit dem erforderlichen Stützpunktabstand (Gl. 7.2) und dem im Profilverlauf ungünstigsten Meßwinkel β_M (maximale Richtungsänderung des Bahnverlaufs) die maximal zulässige Bahngeschwindigkeit des Roboters zu bestimmen.

Der realisierte Sensormeßkopf hat ein Trägheitsmoment von näherungsweise $J = 1\ 10^{-4} kgm^2$, der Antrieb ein Beschleunigungsmoment $M_B = 0.09$ Nm. Entlang einem geradlinig verlaufenden

Profil ($\alpha_K = 0^o$) und bei einer gegebenen Profilbreite von 5mm (= $\beta_M R_D$ --> β_M= 0,2 rad = 11,2^o) ergibt sich mit Δl_P = 1,0mm, Δt = 2ms, R_D = 25mm eine Gesamtzeit t_{ges} = 54,5ms. Mit einer Zyklustaktzeit der Robotersteuerung von t_Z = 28ms berechnet sich nach Gl. 7.5 somit eine zulässige maximale Bahngeschwindigkeit von v_{BMAX} = 303 mm/sec. Im Bereich einer Kurve (Annahme: $\alpha_K = 90^o$) erniedrigt sich dieser Wert auf v_{BMAX} = 155 mm/sec. Der Vergleich von t_{ges} mit t_Z zeigt weiterhin, daß das Sensorsystem in der Lage ist, der Robotersteuerung in jedem zweiten Zyklustakt aktuelle Bahnpunkte zur Verfügung zu stellen.

Wie durch Untersuchungen im stationären Betrieb (ohne Roboterbewegung) deutlich wurde, schwankt die ermittelte Profilposition, abhängig von der augenblicklichen Bewegungsrichtung der Meßeinheit um ca. 5 Inkremente, was einer Ungenauigkeit von 0,9^o bzw. einem seitlichen Versatz von Δl_p = 0,4mm gleichkommt (Kap 6.5.1). Diese Ungenauigkeit ist eine Folge der indirekten Wegmessung (vergl. Bild 7.4; Inkrementalgeber befindet sich auf Motorwelle) in Verbindung mit der Nachgiebigkeit des verwendeten Zahnriemens und der Summe der Lagerspiele.

Die hergeleiteten Gleichungen (Gl.7.3...7.7) versetzen den Anwender in die Lage die Auswirkungen sowohl konstruktiver Änderungen (J, M_B, R_D,ω_A), als auch den Einfluß des programmierten Profils (ω_A,β_M) auf die maximal mögliche Bahngeschwindigkeit abzuschätzen.

8 Zusammenfassung und Ausblick

Um Industrieroboter in weiteren Bereichen der Fertigung einsetzen und dabei gleichbleibende oder sogar erhöhte Qualitätsanforderungen erfüllen zu können, müssen sie mit geeigneten Sensorsystemen ausgestattet sein.

Eine wertende Gegenüberstellung vorhandener Systeme (Kap. 2), unter Berücksichtigung fertigungstechnischer Randbedingungen zeigt, daß es für die vorgegebenen Anwendungen nicht sinnvoll ist ein vollständiges, umfassendes, detaillgetreues Modell eines Meßguts zu generieren. Vielmehr besteht die Aufgabe eines optischen Sensorsystems zur Erfassung geometrischer Größen darin, aus der Sicht des Roboters die Toleranzen und Abweichungen eines Werkstücks in Echtzeit zu ermitteln. Dabei ist es wesentlich, der Robotersteuerung online eine minimale, aber hinreichende Datenmenge bereitzustellen, damit diese in der Lage ist, existierende Bearbeitungsprogramme an das aktuell vorliegende Werkstück anzupassen, um damit ein zufriedenstellendes Fertigungsergebnis zu erzielen.

Das Ziel der Untersuchungen in Kap. 4.1 bestand darin, ein geeignetes Meßverfahren zu finden, um die Geometrie eines Werkstücks, trotz störender Einflüsse (Fremdlicht, Schmutz, Rost) ausreichend schnell und sicher zu bestimmen. Dabei hat sich gezeigt, daß Interferometrie-, Laufzeit-, Phasen- und Fokussiermeßverfahren angesichts der gegebenen Randbedingungen ungeeignet sind.

Wie die Untersuchungen in Kap.4.3 verdeutlicht haben, ist es auf Grund der gestellten Anforderungen (Kap.3) nicht möglich, die zu messenden Flächenelemente mit akkustooptischen, elektrooptischen oder elektromechanischen Ablenkern mit der erforderlichen Geschwindigkeit und dem gewünschten Meßbereich abzutasten. Diese Ablenker sind entweder aus konstruktiven Gründen (Baugröße, Stoßempfindlichkeit, Ablenkbereich) ungeeignet, oder sie sind erheblich zu langsam. Daher werden in Kap. 5 unterschiedliche Meßanordnungen vorgestellt, die sich teilweise aus mehreren unabhängigen Triangulationsmeßeinheiten zusammensetzen.

Ein Unterschied zu bestehenden Sensorsystemen besteht darin, daß der Sensorrechner die Meßsignale nicht nur demoduliert, kalibriert und linearisiert, wie dies von /18/ bekannt ist, sondern darüber hinaus werden die Meßdaten so aufbereitet, daß damit die Robotersteuerung unmittelbar Korrekturbewegungen am Werkstück durchführen kann. Weiterhin ist hervorzuheben, daß die ermittelten Geometriedaten sich auf ein sogenanntes Greiferkoordinatensystem beziehen, also ein Bezugssystem, das mit der Hand des Roboters fest verbunden ist. Der Vorteil besteht darin, daß die vom Sensorsystem aufbereiteten Informationen unabhängig von einer bestimmten Roboterkinematik sind und die berechneten Korrekturbewegungen in den Hauptrichtungen der Roboterhand beschrieben werden. Diese Vorraussetzungen ermöglichen es mit einfachen Algorithmen, ein nachführendes Abtasten von Werkstücken mit Unterstützung der Robotersteuerung on-line durchzuführen.

Zukünftige Entwicklungen auf dem Gebiet Robotersensorsysteme werden sensorseitig darin bestehen, bekannte Meßprinzipien oder bereits vorhandene Meßeinheiten unter den bearbeitungsbedingten Störungen zu testen und zu verbessern. Um die ermittelten Meßdaten aufzubereiten und die Information auf das Wesentliche verdichten zu können, schließt sich daran eine Mikroprozessoreinheit an. Hierdurch ist eine Voraussetzung geschaffen, zur Realisierung anpaßbarer, parametrierbarer, modularer Ein- und Ausgabeschnittstellen und damit der flexiblen Nutzung der Meßdaten.

Als Gegenstück müssen roboterseitig geeignete Eingriffsstellen für den Anwender zugänglich gemacht werden, die es ihm ermöglichen, seine aufbereiteten Sensorsignale in der gewünschten Art und Weise wirksam werden zu lassen.

Schrifttum

/1/ Gruhler, G. Sensorgeführte Programmierung bahngesteuerter Industrieroboter. Berlin, Heidelberg, New York, Tokyo: Springer 1987.

/2/ Beckmann, L. Elektooptischer Sensor für die Automatisierung des Lichtbogenschweißens. Technisches Messen tm 51 (1984) Nr.7/8, S. 259 - 263.

/3/ Robotersteuerung Bosch rho 2, Handbuch. Firmenschrift der Fa. Robert Bosch GmbH Industrieausrüstung, Erbach 1987.

/4/ Leukefeld, J. On-line-Verformungsmessungen an Industrierobotern. VDI-Berichte Nr. 643, S.125-140 Düsseldorf: VDI-Verlag, 1987.

/5/ Verfahren und Vorrichtung zur Positionskorrektur. Patentschrift P 3614122.4 vom 17.07.1987.

/6/ Robotest. Firmenschrift der Fa. Polytec, Waldbronn, 1986.

/7/ Seitz, G.
Tiziani, H.
Litschel, R. 3-D-Koordinatenmessung durch optische Triangulation. Feinwerktechnik und Meßtechnik 94 (1986) Nr.7, S. 423 - 425.

/8/ Ruoff, W. Optisches Sensorsystem zur Nahtverfolgung mit Industrierobotern. tz für Metallbearbeitung 81 (1987) Nr.4, S. 56 -58.

/9/ Jobs, G. Ein Beitrag zur Verringerung der Meßunsicherheit von optoelektronischen Längenmeßsystemen. Dissertation RWTH Aachen, 1985.

/10/ Pfeiffer, T. Jobs, G. Contactless Measurement of Complexe Geometric Quantities with CCD-Arrays in Product Line. Proceedings on the Metrology for Quality Control in Production, Tokyo 1984.

/11/ Keppeler, M. Ruoff, W. Untersuchung zur Führungsgrößenerzeugung für Handhabungssysteme. Abschlußbericht zum DFG-Forschungsvorhaben Stu 51/31, 1983.

/12/ Bretschi, J. König, M. Mustererkennende optische und akustische Sensorsysteme. In: Überwachung von Fertigungsprozessen, VDI-Berichte Nr.364, Düsseldorf 1980.

/13/ Pfeiffer, T. Optoelektronik in der Fertigungsmeßtechnik. Seminar: Optoelektronische Verfahren zur Messung geometrischer Größen in der Fertigung, 18./19.06.1984, Techn. Akademie Eßlingen,

/14/ Tiziani, H. Optische Meßtechnik und Meßverfahren. Vorlesungsskript des Inst. für Techn. Optik, Stuttgart, 1986.

/15/ Ertl, F. Aufbau und Untersuchung eines berührungslos optisch arbeitenden Längenmeßverfahrens für den Einsatz in der Fertigung. Dissertation TH Darmstadt, 1979.

/16/ Hinkel, R. Verfahren zur Laserentfernungsmessung mit hoher Auflösung für den Nahbereich. Offenlegungsschrift DE 33 33 830.2 vom 20.09.83.

/17/ Bodlaj, V. Klement, E. Remote measurement of distance and thickness using a deflected laser beam. Applied optics 15 (1976) Nr.6, S. 1432 - 1436.

/18/ Optocator-Meßkopf. Firmenschrift der Fa. Selcom--Meßsysteme GmbH, 1986.

/19/ Hantke, D. Optoelektronik in der Meßtechnik. Feingerätetechnik (1981) Nr.4, S. 163 ff.

/20/ Hirzinger, G. Multi-Sensor-System für Roboter. Technisches Messen tm 53 (1986) Nr.7/8, S.286 - 292.

/21/ Systemelemente. Firmenschrift der Fa. Spindler und Hoyer GMBH, Göttingen, 1984.

/22/ Naumann, H. Schröder, G. Bauelemente der Optik. München, Wien : Hanser 1983.

/23/ Schröder, G. Technische Optik.
Würzburg: Vogel 1984.

/24/ Si-Positiondetektoren. Druckschrift der Fa. Dr. R. Seitner Meß- und Regeltechnik GmbH, Herrsching, 1983.

/25/ Gerthsen, Ch. Physik.
Berlin, Heidelberg, New York : Springer 1974.

/26/ Eschler, H. Schnell umtastbare digital programmierbare Hochfrequenzgeneratoren zur Ansteuerung akustooptischer Lichtablenker.
Frequenz 26 (1972) Nr.5, S. 124 - 129.

/27/ Schröder, E. Digitale Laserstrahlrichtungsmodulation und ihre Anwendung.
Feinwerktechnik und Micronic (1974) Nr.2, S.64 ff.

/28/ Scanner,Chopper,Modulatoren.
Firmenschrift der Fa. Kontron, 1985.

/29/ Optical Scanners.
Firmenschrift der General Scanning Inc., GSI 30051, 1984.

/30/ Spanner, K., Dietrich, L. Piezotranslation.
Elektronik 5 (1982) Nr.6, S. 91 - 94.

/31/ Das PI-System.
Firmenschrift der Fa. Physik Instrumente, PZ 86/85.2, 1985.

/32/ Akusto-optic devices.
Firmenschrift der Fa. National
Matsushita Electric, CCC-82-08, 1982.

/33/ Swaczina, K. Sensordatenverarbeitung für bahngesteuerte Handhabungsautomaten.
München, Wien: Hanser 1983.

/34/ Ruoff, W. Erzeugung und Aufbereitung von Meßdaten eines optischen Sensorsystems.
Industrieanzeiger 108 (1986)
Nr.88/89, S.39 - 40.

/35/ Pritschow, G.
Ruoff, W. Optisches Sensorsystem zur Geometrieerfassung und Strategien der Sensordatenvorverarbeitung.
In: Sensordatenverarbeitung in der Fertigungstechnik.
München, Wien: Hanser 1987.

/36/ Bronstein, I.
Semendjajew, K. Taschenbuch der Mathematik.
Frankfurt, Zürich: Hansi Deutsch 1972.

/37/ Keppeler, M.
Ruoff, W. Interpolationsverfahren für Industrieroboter.
HGF-Kurzberichte (Lose-Blatt-Sammlung) Blatt 82/88.
Essen: Girardet 1982.

ISW Forschung und Praxis

Berichte aus dem Institut für Steuerungstechnik der Werkzeugmaschinen und Fertigungseinrichtungen der Universität Stuttgart

Herausgegeben bis Band 57 von Prof. Dr.-Ing. G. Stute †
ab Band 58 Prof. Dr.-Ing. G. Pritschow

1 D. Schmid, Numerische Bahnsteuerung, 89 S., 1972

2 H. Schwegler, Fräsbearbeitung gekrümmter Flächen, 111 S., 1972

3 J. Eisinger, Numerisch gesteuerte Mehrachsenfräsmaschinen, 90 S., 1972

4 R. Nann, Rechnersteuerung von Fertigungseinrichtungen, 125 S., 1972

5 G. Augsten, Zweiachsige Nachformeinrichtungen, 140 S., 1972

6 B. Karl, Die Automatisierung der Fertigungsvorbereitung durch NC-Programmierung, 121 S., 1972

7 H. Eitel, NC-Programmiersystem, 117 S., 1973

8 E. Knorr, Numerische Bahnsteuerung zur Erzeugung von Raumkurven auf rotationssymetrischen Körpern, 131 S., 1973

9 S. Bumiller, Viskohydraulischer Vorschubantrieb, 123 S., 1974

10 K. Maier, Grenzregelung an Werkzeugmaschinen, 139 S., 1974

11 J. Waelkens, NC-Programmierung, 159 S., 1974

12 E. Bauer, Rechnerdirektsteuerung von Fertigungseinrichtungen, 138 S., 1975

13 H. König, Entwurf und Strukturtheorie von Steuerungen für Fertigungseinrichtungen, 206 S., 1976

14 H. Damsohn, Fünfachsiges NC-Fräsen, 143 S., 1976

15 H. Jetter, Programmierbare Steuerungen, 141 S., 1976

16 H. Henning, Fünfachsiges NC-Fräsen gekrümmter Flächen, 179 S., 1976

17 K. Boelke, Analyse und Beurteilung von Lagesteuerungen für numerisch gesteuerte Werkzeugmaschinen, 106 S., 1977

18 F.-R. Götz, Regelsystem mit Modellrückkopplung für variable Streckenverstärkung, 116 S., 1977

19 H. Tränkle, Auswirkungen der Fehler in den Positionen der Maschinenachsen beim fünfachsigen Fräsen, 103 S., 1977

20 P. Stof, Untersuchungen über die Reduzierung dynamischer Bahnabweichungen bei numerisch gesteuerten Werkzeugmaschinen, 118 S., 1978

21 R. Wilhelm, Planung und Auslegung des Materialflusses flexibler Fertigungssysteme, 158 S., 1978

22 N. Kappen, Entwicklung und Einsatz einer direkten digitalen Grenzregelung für eine Fräsmaschine mit CNC, 123 S., 1979

23 H. G. Klug, Integration automatisierter technischer Betriebsbereiche, 124 S., 1978

24 D. Binder, Interpolation in numerischen Bahnsteuerungen, 132 S., 1979

25 O. Klingler, Steuerung spanender Werkzeugmaschinen mit Hilfe von Grenzregeleinrichtungen (ACC), 124 S., 1979

26 L. Schenke, Auslegung einer technologisch-geometrischen Grenzregelung für die Fräsbearbeitung, 113 S., 1979

27 H. Wörn, Numerische Steuersysteme-Aufbau und Schnittstellen eines Mehrprozessorsteuersystems, 141 S., 1979

28 P. B. Osofisan, Verbesserung des Datenflusses beim fünfachsigen NC-Fräsen, 104 S., 1979

29 J. Berner, Verknüpfung fertigungstechnischer NC-Programmiersysteme, 101 S., 1979

30 K.-H. Böbel, Rechnerunterstützte Auslegung von Vorschubantrieben, 113 S., 1979

31 W. Dreher, NC-gerechte Beschreibung von Werkstücken in fertigungstechnisch orientierten Programmiersystemen, 105 S., 1980

32 R. Schurr, Rechnerunterstützte Projektsteuerung hydrostatischer Anlagen, 115 S., 1981

33 W. Sielaff, Fünfachsiges NC-Umfangfräsen verwundener Regelflächen. Beitrag zur Technologie und Teileprogrammierung, 97 S., 1981

34 J. Hesselbach, Digitale Lageregelung an numerisch gesteuerten Fertigungseinrichtungen, 111 S., 1981

35 P. Fischer, Rechnerunterstützte Erstellung von Schaltplänen am Beispiel der automatischen Hydraulikplanzeichnung, 111 S., 1981

36 U. Ackermann, Rechnerunterstützte Auswahl elektrischer Antriebe für spanende Werkzeugmaschinen, 118 S., 1981

37 W. Döttling, Flexible Fertigungssysteme – Steuerung und Überwachung des Fertigungsablaufs, 105 S., 1981

38 J. Firnau, Flexible Fertigungssysteme – Entwicklung und Erprobung eines zentralen Steuersystems, 112 S., 1982

39 A. Herrscher, Flexible Fertigungssysteme – Entwurf und Realisierung prozeßnaher Steuerungsfunktionen, 103 S., 1982

40 U. Spieth, Numerische Steuersysteme – Hardwareaufbau und Ablaufsteuerung eines Mehrprozessorsteuersystems, 115 S., 1982

41 A. Schimmele, Rechnerunterstützter Entwurf von Funktionssteuerungen für Fertigungseinrichtungen, 106 S., 1982

42 M. Sanzenbacher, NC-gerechte Beschreibung von Werkstücken mit gekrümmten Flächen, 105 S., 1982

43 W. Walter, Interaktive NC-Programmierung von Werkstücken mit gekrümmten Flächen, 112 S., 1982

44 J. Huan, Bahnregelung zur Bahnerzeugung an numerisch gesteuerten Werkzeugmaschinen, 95 S., 1982

45 H. Erne, Taktile Sensorführung für Handhabungseinrichtungen – Systematik und Auslegung der Steuerungen, 111 S., 1982

46 D. Plasch, Numerische Steuersysteme – Standardisierte Softwareschnittstellen in Mehrprozessor-Steuersystemen, 112 S., 1983

47 Z. L. Wang, NC-Programmierung – Maschinennaher Einsatz von fertigungstechnisch orientierten Programmiersystemen, 103 S., 1983

48 J. Schwager, Diagnose steuerungsexterner Fehler an Fertigungseinrichtungen, 121 S., 1983

49 P. Klemm, Strukturierung von flexiblen Bediensystemen für numerische Steuerungen, 113 S., 1984

50 W. Runge, Simulation des dynamischen Verhaltens elektrohydraulischer Schaltungen – Einsatz von geräteorientierten, universellen Simulationsbausteinen, 132 S., 1984

51 H. Steinhilber, Planung und Realisierung von Werkzeugversorgungssystemen für die NC-Bearbeitung, 126 S., 1984

52 R. Ohnheiser, Integrierte Erstellung numerischer Steuerdaten für flexible Fertigungssysteme, 115 S., 1984

53 M. Keppeler, Führungsgrößenerzeugung für numerisch bahngesteuerte Industrieroboter, 125 S., 1984

54 P. Kohler, Automatisiertes Messen mit NC-Werkzeugmaschinen, 129 S., 1985

55 K.-H. Rieger, Rechnerunterstützte Projektierung der Hardware und Software von speicherprogrammierten Steuerungen, 123 S., 1985

56 G. Vogt, Digitale Regelung von Asynchronmotoren für numerisch gesteuerte Fertigungseinrichtungen, 126 S., 1985

57 S. Chmielnicki, Flexible Fertigungssysteme – Simulation der Prozesse als Hilfsmittel zur Planung und zum Test von Steuerprogrammen, 120 S., 1985

58 W. Renn, Struktur und Aufbau prozeßnaher Steuergeräte zur Verkettung in flexiblen Fertigungssystemen, 137 S., 1986

59 K. Harig, Quantisierung im Lageregelkreis numerisch gesteuerter Fertigungseinrichtungen, 113 S., 1986

60 H. Frank, Programmier- und Überwachungsfunktionen für teileartbezogene NC-Werkzeugmaschinen, 115 S., 1986

61 H. Möller, Integrierte Überwachungs- und Diagnose-Systeme für numerische Steuerungen, 131 S., 1986

62 H. Fink, Einsatz speicherprogrammierbarer Steuerungen in der Fertigungstechnik, 126 S., 1986

63 J. Fleckenstein, Zustandsgraphen für SPS – Grafikunterstützte Programmierung und steuerungsunabhängige Darstellung, 139 S., 1987

64 E. Wagner, Steuerungen von Koordinatenmeßgeräten mit schaltenden und messenden Tastsystemen, 133 S., 1987

65 W. Grimm, Diagnosesystem für steuerungsperiphere Fehler an Fertigungseinrichtungen, 143 S., 1987

66 W. Swoboda, Digitale Lageregelung für Maschinen mit schwach gedämpften schwingungsfähigen Bewegungsachsen, 141 S., 1987

67 G. Gruhler, Sensorgeführte Programmierung bahngesteuerter Industrieroboter, 119 S., 1987

68 B. Walker, Konfigurierbarer Funktionsblock Geometriedatenverarbeitung für numerische Steuerungen, 125 S., 1987

69 J. Mayer, Werkzeugorganisation für flexible Fertigungszellen und -systeme, 126 S., 1988

70 R. Lederer, Programmierung von NC-Drehmaschinen mit mehreren Werkzeugschlitten, 120 S., 1988

71 G. Häberle, NC-Musterprogrammierung für die rechnerintegrierte Textilfertigung, 127 S., 1988

72 D. Pfeiffer, Kompensation thermisch bedingter Bearbeitungsfehler durch prozeßnahe Qualitätsregelung 135 S., 1988

73 W. Schmidt, Grafikunterstütztes Simulationssystem für komplexe Bearbeitungsvorgänge in numerischen Steuerungen, 141 S., 1988

74 M. Egner, Hochdynamische Lageregelung mit elektrohydraulischen Antrieben, 147 S., 1988

75 W. Schittenhelm, Konfigurierbares Bedienungssystem für Steuerungen an Fertigungseinrichtungen, 136. S., 1988

76 D. Scheifele, Grafisch dynamische Simulation des Bearbeitungsvorgangs für Doppelschlittendrehmaschinen, 121 S., 1988

77 G. Keuper, Automatisierte Identifikation der Streckenparameter servohydraulischer Vorschubantriebe, 152 S., 1989

78 K.-H. Kayser, Kollisionserkennung in numerischen Steuerungen mit der Distanzfeldmethode, 131 S., 1989

79 R. Viefhaus, Fräsergeometriekorrektur in Numerischen Steuerungen, 157 S., 1989

80 J. Zirbs, Fertigungsgerechte Aufbereitung von Flächenverbänden bei der NC-Programmierung im Formenbau, 130 S., 1989

81 W. Ruoff, Optische Sensorsysteme zur On-line-Führung von Industrierobotern, 123 S., 1989

Die Bände ISW 1 bis ISW 57 sind vergriffen.

Die Bände sind im Erscheinungsjahr und in den folgenden drei Kalenderjahren zu beziehen durch den örtlichen Buchhandel oder durch Lange & Springer, Otto-Suhr-Allee 26–28, 1000 Berlin 10.